信息技术案例与实训（上）

主　编　谷照燕　陈　磊

副主编　李　萃

主　审　陈　庆　冯贺娟

U0234559

北京理工大学出版社
BEIJING INSTITUTE OF TECHNOLOGY PRESS

内 容 简 介

本教材是以教育部高等学校电子信息类专业指导委员会提出的以引领高职计算机应用技术基础课程改革为目标，以美国全球学习与测评发展中心（GLAD）的 ICT（Information and Communication Technology Programs）国际认证标准为基础，按照应用技能体系进行编写的，全部教学内容与微软办公软件认证中心提出的"计算机综合应用能力国际认证"接轨。

本书主要介绍个人计算机组件及其组装，BIOS 的设置，Windows 10 操作系统的安装输入法与打字练习软件的使用，任务管理器的操作以及打印机的设置，Windows 10 操作系统的工作环境设置，文件和文件夹的操作，磁盘管理，软件的安装、卸载和使用，用户和用户组管理，附件的使用，局域网的组建与应用，浏览器的设置与使用，电子邮件的使用，QQ 的使用，安全防护与杀毒软件的安装与使用等内容。

图书在版编目（CIP）数据

信息技术案例与实训. 上 / 谷照燕，陈磊主编. —北京：北京理工大学出版社，2020. 10（2022.9重印）

ISBN 978 – 7 – 5682 – 8962 – 7

Ⅰ. ①信… Ⅱ. ①谷… ②陈… Ⅲ. ①电子计算机 – 高等职业教育 – 教材 Ⅳ. ①TP3

中国版本图书馆 CIP 数据核字（2020）第 159777 号

出版发行 / 北京理工大学出版社有限责任公司

社　　址 / 北京市海淀区中关村南大街 5 号

邮　　编 / 100081

电　　话 / （010）68914775（总编室）

　　　　　（010）82562903（教材售后服务热线）

　　　　　（010）68944723（其他图书服务热线）

网　　址 / http：//www. bitpress. com. cn

经　　销 / 全国各地新华书店

印　　刷 / 三河市天利华印刷装订有限公司

开　　本 / 787 毫米 × 1092 毫米　1/16

印　　张 / 18.5

字　　数 / 415 千字

版　　次 / 2020 年 10 月第 1 版　2022 年 9 月第 3 次印刷

定　　价 / 49.80 元

责任编辑 / 王玲玲

文案编辑 / 王玲玲

责任校对 / 周瑞红

责任印制 / 施胜娟

前　言

信息时代的到来不仅改变着人们的生产和生活方式，也改变着人们的思维和学习方式，在计算机普及的基础上，手机、平板电脑等便携式设备也成为重要的信息化终端设备，这些变化对计算机基础教学提出了新的挑战。因此，开发理实一体化的教材对提升读者技能和素养、培养"面向现代化，面向世界，面向未来"的创新人才具有深远意义。

本套书是计算机一线教师根据 GLAD（Global Learning and Assessment Development，全球学习与测评发展中心）的 ICT（Information and Communication Technology，信息和通信技术）国际认证标准精心编写的。本套书包括《信息技术基础教程》（上、下）和《信息技术案例与实训》（上、下），本书为《信息技术案例与实训（上）》，全书分为三大部分，主要内容包括：

第一部分，计算机基础知识，主要介绍如何识别个人计算机组件、对计算机进行组装所需知识和技能、BIOS 的设置、Windows 10 操作系统的安装输入法与打字练习软件的使用、任务管理器的操作及打印机的设置等内容。

第二部分，Windows 10 操作系统，主要介绍 Windows 10 操作系统的工作环境设置、文件和文件夹的操作、磁盘管理、软件的安装、卸载和使用、用户和用户组管理、附件的使用等内容。

第三部分，Internet 与网络基础，主要介绍局域网的组建与应用、浏览器的设置与使用、电子邮件的使用、QQ 的使用、安全防护与杀毒软件的安装与使用等内容。

书中每个部分均有配套习题及参考答案，可以帮助学生巩固和复习所学知识。

本书由渤海船舶职业学院组织编写，由谷照燕、陈磊任主编，李萃任副主编，陈永庆、冯贺娟任主审。其中，第一部分由陈磊编写，第二部分由李萃编写，第三部分由谷照燕编写，全书由谷照燕统稿。

由于编写时间仓促，加之编者水平有限，书中难免有不足之处，敬请广大读者提出宝贵意见和建议。

编　者

目　录

第一部分　计算机基础知识

第二部分　Windows 10 操作系统

第三部分　Internet 与网络基础

第一部分
计算机基础知识

🔁 描述

在当今信息化社会，计算机已经成为人们生活中不可缺少的一部分，一旦计算机出现故障，往往会极大地影响人们的工作和学习。对于不会修计算机的人来说，即使是更换主机配件或设置 BIOS 这样简单的事情，也是一个令他头疼的问题。掌握计算机的基础知识，不仅是现代大学生必备的基本素质，也是今后工作的重要技能。

🔁 分析

本部分通过组装台式计算机，了解计算机的硬件组成、各种硬件的功能和计算机的组装过程，再通过 BIOS 常用设置，了解计算机软件系统的基本设置。

🔁 相关知识和技能

计算机各种硬件的组成、功能，计算机的组装过程，BIOS 常用设置，打印机的设置，指法练习。

项目 1

计算机主机的组装

基本信息	姓名		学号		班级		总评成绩	
	规定时间	30 min	完成时间		考核日期			
任务工单	序号		步骤	完成情况			标准分	评分
				完成	基本完成	未完成		
	1		组装前准备工作				20	
	2		组装计算机				50	
	3		组装计算机外设并测试				20	
操作规范性							5	
安全							5	

✅ 项目目标

本项目通过组装一个计算机主机，使读者了解计算机中各种硬件的结构特点、性能参数及计算机的组装过程。

✅ 项目分析

做好组装前的准备工作，制订一个组装计算机的操作流程。组装一台计算机的流程不是唯一的，其一般步骤如下：

①在主板上安装 CPU 和 CPU 风扇。

②在主板上安装内存条。

③准备机箱，在机箱上安装主板。

④安装驱动器（光驱、硬盘）。

⑤安装显卡及其他接口卡。

⑥安装机箱内所有的线缆接口。

⑦安装机箱侧面板，安装键盘、鼠标和显示器等外设。

⑧加电测试。

✓ **知识准备**

组装计算机之前，应认识计算机的各类硬件及外设配置。组装计算机时，要遵守操作规程，尤其要注意以下事项：

①防止静电。

②防止液体进入计算机。

③对配件要轻拿轻放，防止元器件掉到地上。

④装机时，不要先连接电源线，通电后，不要触碰机箱内的部件。

⑤测试前，建议只组装必要的设备，待确认没问题后，再组装其他配件。

✓ **项目实施**

1.1.1 组装前准备工作

1. 准备工具

在计算机组装之前，准备好螺丝刀、钳子、镊子、导热硅脂等工具。

（1）"十"字形螺丝刀和"一"字形螺丝刀

在组装计算机时，需要用到两种螺丝刀：一种是"十"字形螺丝刀，另一种是"一"字形平口螺丝刀。在选购螺丝刀时，应选择顶部带有磁性的螺丝刀。组装者可以单手操作，即使螺丝在比较隐蔽的地方，也可以方便地操作。带磁性的螺丝刀还可以吸出掉进机箱的螺丝。不过螺丝刀上的磁性不能过大，吸附能力以刚好能吸住螺丝钉为宜，以免磁化计算机中的部分硬件，如图1-1所示。

（2）尖嘴钳子

尖嘴钳主要用来拧一些比较紧的螺丝，或者当机箱不平整时，用它将机箱夹平。在机箱内固定主板时，就可能用到尖嘴钳，如图1-2所示。

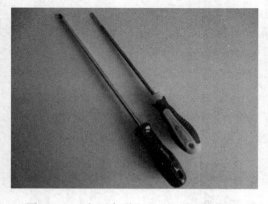

图1-1 "十"字形和"一"字形螺丝刀

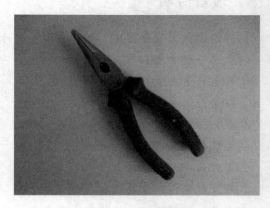

图1-2 尖嘴钳

（3）镊子

镊子主要在插拔主板或硬盘上某些狭小地方的跳线时用到。目前在计算机的主板、光驱和硬盘等设备上需要设置许多跳线，由于这些跳线体积小，不方便用手拿，所以要用镊子来完成；另外，如果有螺丝不慎掉入机箱内部，也可以用镊子将螺丝取出来，如图 1 - 3 所示。

（4）导热硅脂

导热硅脂是涂于电脑 CPU 上的一种硅脂，以便散热，广泛用于晶体管、电子管、CPU等电子元器件，从而保证电子仪器性能的稳定。它耐高低温、耐水、耐气候老化，既具有优异的电绝缘性，又具有优异的导热性，如图 1 - 4 所示。

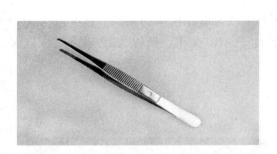

图 1 - 3　镊子

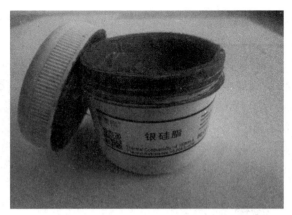

图 1 - 4　导热硅脂

2. 准备所需的配件

在准备组装计算机前，还需要准备好所需要的计算机硬件，如机箱、主板、CPU、内存条、电源、显卡、声卡、网卡、硬盘、光驱、数据线、键盘、鼠标、显示器及打印机等，部分硬件介绍如下。

（1）中央处理器 CPU

CPU 主要由运算器和控制器组成，是计算机的指挥中心，其功能主要是对数据进行运算及解释控制计算机的指令。目前个人电脑一般采用 Intel 和 AMD 的 CPU。图 1 - 5 所示为 Intel Core i7 CPU。

（2）主板

主板是装在机箱中的一块矩形多层印刷电路板，在它上面布满了大量的电子线路，分布着构成计算机主系统电路的各种元器件和插件，如图 1 - 6 所示。

（3）内存

内存是与 CPU 进行沟通的桥梁，计算机中所有程序的运行都是在内存中进行的，CPU可以对内存进行读写操作，存放各种输入、输出数据和中间计算结果，以及在 CPU 与外部存储器交换信息时做缓冲之用，如图 1 - 7 所示。

图 1 - 5　Intel CPU

图 1 - 6　技嘉 GA - B85M - D3V 型主板

（4）显卡

显卡用来处理计算机中的图像信息，可独立进行图形处理方面的工作，并将处理的结果转换成显示器能够显示的模拟信号，这样在显示器上就能看到输出的图像。显卡包括 AGP 显卡和 PCI - E 显卡，其中 PCI - E 显卡的性能远优于 AGP 显卡，所以 AGP 显卡逐步被淘汰，如图 1 - 8 所示。

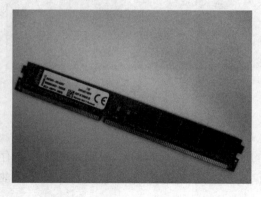

图 1 - 7　内存

图 1 - 8　华硕显卡

（5）硬盘

硬盘是存储数据最重要的外部存储器之一，从结构上分类，目前常用的有机械硬盘（HDD）、固态硬盘（SSD）、混合硬盘（HHD，一种基于传统机械硬盘衍生出来的新硬盘）。图 1 - 9 所示为机械硬盘，图 1 - 10 所示为固态硬盘。目前硬盘常用的接口为 SATA 接口，IDE 接口的硬盘已经逐渐淡出市场。

（6）光驱

光驱是电脑用来读写光盘内容的机器。光存储设备的数据存放介质为光盘，其特点是容量大、成本低，并且保存时间长，不易损坏，如图 1 - 11 所示。

（7）电源

电源为主机中的所有设备提供动力，一台计算机的正常运行离不开一个稳定的电源。电源有多个接口，分别接到主板、硬盘和光驱等部件上为其提供电能，如图 1 - 12 所示。

图 1-9 机械硬盘

图 1-10 固态硬盘

图 1-11 光驱

图 1-12 电源

3. 注意事项

①防止人体所带静电对电子器件造成损伤，在安装前，先消除身上的静电，比如用手摸一摸自来水管等接地设备；如果有条件，可佩戴防静电环。

②在连接机箱内部连线时，一定要参照主板说明书进行，对不懂的地方要仔细查阅资料或请教专业人士，以免因接错线而造成意外故障。

③在组装时，不要先连接电源线，更不要接通电源。

④计算机配件要轻拿轻放，不要碰撞，尤其是硬盘。

⑤安装主板、显卡和声卡等硬件时，应保持平稳，并将其固定牢靠。安装主板时，还应安装绝缘垫片。

⑥插拔各种板卡时，不能盲目用力，以免损坏板卡。

⑦在拧螺丝时，不能拧得太紧，拧紧后应往反方向拧半圈。

1.1.2 组装计算机

组装计算机时，要严格按照装机流程操作，防止出现问题。

1. 准备机箱

在组装计算机前，应先打开机箱的侧面板。目前有的机箱使用螺丝，有的机箱则没有，根据情况打开机箱侧面板后，将机箱中的杂物去除。此时可以看到机箱的内部结构，如图 1-13 所示。

微课 1-1
准备机箱

图 1 - 13　机箱内部结构

2. 安装电源

微课 1 - 2
安装电源

①安装电源时，要先将电源放进机箱左上方的电源固定架上，如图 1 - 14 所示。

②将电源上的螺丝固定孔与机箱上的固定孔对正，先拧上一颗螺钉（固定住电源即可），然后将最后 3 颗螺钉孔对正位置，再拧上剩下的螺钉即可，如图 1 - 15 所示。

图 1 - 14　放入电源

图 1 - 15　拧上电源螺丝

3. 安装 CPU 和散热器

①安装 CPU 之前，要先将主板上的 CPU 插座打开，用适当的力向下微压固定 CPU 的压杆，同时，用力向外侧拨动压杆，使其脱离固定卡扣，如图 1-16 所示。

微课 1-3
安装 CPU 和散热器

图 1-16　按下 CPU 插座拉杆

②将压杆拉起，打开固定处理器的护片，CPU 插座就展现在眼前，如图 1-17 所示。

图 1-17　CPU 插座

③安装 CPU 时，仔细观察 CPU 上印有三角标识的一角，使之与 CPU 插座上印有三角标识的一角对齐，然后小心地将 CPU 放入插座，轻轻按压，确保 CPU 安放到位，盖好护片，并反方向微用力扣下 CPU 的压杆，如图 1-18 所示。至此，CPU 便被稳稳地安装到主板上。

温馨提示

　在安装 CPU 时，要轻按 CPU 并使每根针脚顺利地插入针孔中，但不能用力过大，以免将 CPU 的针脚压弯或折断。

④安装散热器之前，要先在 CPU 表面均匀地涂上一层导热硅脂，以安装上 CPU 风扇后硅脂不溢出为标准。目前很多散热器在购买时已经在底部与 CPU 接触的部分涂上了导热硅脂，这时就没有必要再涂一层了。

图 1 - 18　安装 CPU

　　⑤安装时，将散热器的四角对准主板相应的位置，然后用力压下四角扣具即可，如图 1 - 19 所示。

　　⑥固定好散热器后，还要将散热风扇接到主板的供电接口上，找到主板上安装风扇的接口（主板上的标识字符为 CPU_FAN），如图 1 - 20 所示，将风扇供电线插头插入即可。

图 1 - 19　安装风扇　　　　　　　　　　图 1 - 20　插入供电接口

4. 安装内存

①现在的主板逐渐淘汰了单数据速率内存插槽，一般都采用双倍数据速率内存插槽。在主板上找到内存插槽（本例中内存插槽旁边印有 DDR3 的标识符代表双倍数据速率），并用拇指轻轻地掰开内存插槽两头的固定卡子，如图 1 - 21 所示。

微课 1 - 4
安装内存

②观察好内存条的缺口部位，找到内存插槽上与内存条缺口对应的隔断位置，如图 1 - 22 所示，确定内存条插入的方向。

图 1 - 21　掰开固定卡子

图 1 - 22　内存插槽的隔断位置

③双手捏住内存条的两端，对准内存插槽插入内存条，如图 1 - 23 所示。双手大拇指用力均匀地将内存条压入内存插槽内，向下压内存条时，插槽两头的固定卡子会受力收缩，卡住内存条两端的缺口。卡住以后，可以用手捏住内存条两头向上拔一拔，检查内存条是否松动，若不松动，表明内存条已安装到位。

图 1 - 23　插入内存插槽

5. 安装主板

　　双手平稳拿住主板，注意，要轻拿轻放，避免碰撞机箱内其他部件。将主板放入机箱中，主板的 I/O 接口一侧与机箱后面板 I/O 接口挡片要对准，主板上的螺丝孔与机箱底板上的孔位要对准，如图 1-24 所示。确定主板安放到位，拧上主板螺丝即可，如图 1-25 所示。

微课 1-5
安装主板

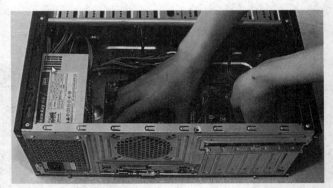

图 1-24　放入主板

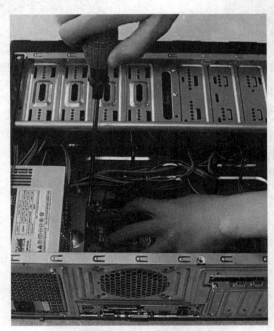

图 1-25　拧上主板螺丝

温馨提示

　　安装 CPU 和 CPU 风扇时，主板与 CPU 的各项技术指标必须匹配；CPU 风扇与 CPU 必须匹配；内存条与 CPU、主板的各项技术指标必须匹配。

6. 安装硬盘和光驱

①在机箱内找到硬盘托架，将硬盘插入托架内，如图 1－26 所示。并使硬盘侧面的螺丝孔与托架上的螺丝孔对齐，用螺丝将硬盘固定在托架中，如图 1－27 所示。

微课 1－6
安装硬盘

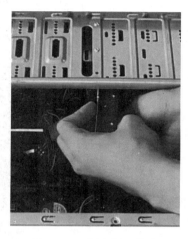

图 1－26　硬盘插入托架

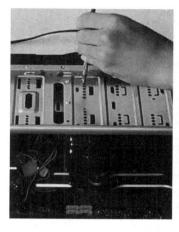

图 1－27　拧上硬盘固定螺丝

②首先从机箱的前置面板上取下一个五寸槽口的塑料挡板，为了散热，应该尽量把光驱安装在最上面的位置。

③把光驱从前面放进去，如图 1－28 所示。还有一种拖拉式的光驱，先要将类似于抽屉设计的托架安装到光驱上，像推拉抽屉一样，将其推入托架中即可。要取下时，只需用两手掰开两边的弹簧片即可。

图 1－28　安装光驱

温馨提示

在安装硬盘和光驱时，一定要先确定连线的方法，即，是将硬盘和光驱连到一根数据线上，还是各用一根数据线。一般来说，硬盘出厂时，默认的设置是作为主盘，当只安装一个硬盘时，是不需要改动的；当安装多个硬盘时，需要对硬盘重新设置。

7. 安装显卡、声卡、网卡

微课1-7
安装显卡

①机箱后面板与PCI-E插槽对应的位置，一般会有一块挡板，挡住了显卡输出端口一侧用来固定的螺丝孔的位置。先将挡板上的固定螺丝拧掉，取下挡板，如图1-29所示。

②用手轻握显卡上端，将显卡下面的接口对准主板上的PCI-E插槽，显卡左边输出端口一侧，与之前机箱后面板拆下挡板所漏出的缺口相对应，插入显卡，如图1-30所示。用螺丝固定好即可。

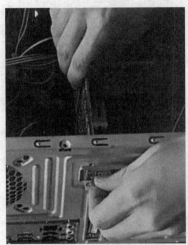

图1-29　取下挡板　　　　　　　　　图1-30　安装显卡

温馨提示

显卡的工作原理是，CPU首先将要显示的数据送到显卡上的显卡缓冲区，然后显卡再将数据送往显示器中。

③安装声卡与安装显卡类似，此处不再详述。只需将它安装在一个空闲的PCI插槽上，并将螺丝固定好即可。

④取下与网卡插槽位置对应的机箱挡板。将网卡的接口对准PCI插槽插入，如图1-31所示。

⑤用螺丝刀拧紧固定网卡的螺丝钉。如果还有多功能扩展卡等其他扩展卡，使用同样的方法将其安装到PCI插槽中即可。

温馨提示

现在的主板一般都集成了显卡、声卡和网卡，能够满足大多数用户的需要，如果对图像和声音的处理有更高的要求，可以安装独立的显卡和声卡。安装方法参考上述安装显卡的内容，若不需要这些扩展卡，此步可省略。

8. 安装机箱内所有的线缆接口

①连接 CPU 的供电连线。CPU 单独供电接口有 3 种，分别是 4 针、6 针、8 针，现在的主板基本使用 4 针的，如图 1-32 所示，只需在电源上选择一个 4 针接口插入主板上的 CPU 供电接口上即可。

微课 1-8
安装机箱内
所有的线缆

图 1-31　安装网卡　　　　　　　　图 1-32　CPU 供电接口

②连接主板电源。在主板上可以看到一个长方形的插槽，这个插槽就是电源为主板供电的插槽。目前主板供电的接口主要有 24 针和 20 针两种，这里以 24 针接口的安装为例。如图 1-33 所示，在主板供电接口的一个侧面上有一道凸起的棱，在电源供电接口上的一面采用了卡扣式设计，只需要将有卡扣的一面和主板供电接口上凸起的棱相对应插入即可。

③连接硬盘电源线和数据线。它们的接口可分为串口和并口两种，目前串口已经逐步取代并口。在安装时，只需注意接口位置不要装反即可，如图 1-34 所示。

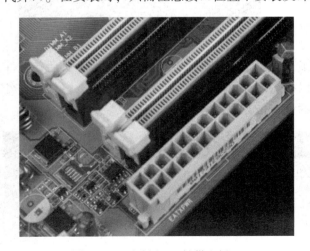
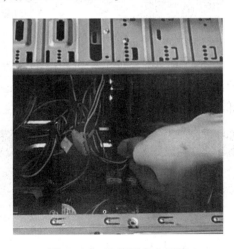

图 1-33　主板上 24 针供电插口　　　　　图 1-34　连接硬盘电源线

④连接光驱电源线和数据线。在连接时，只需注意插头与接口相对应，就可轻松插入，如图 1-35 所示。

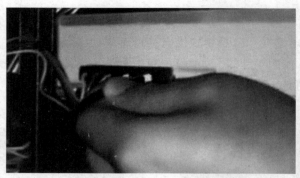

图1-35　连接光驱电源线和数据线

　　⑤连接机箱前面板线缆。如电源开关、复位/重启开关、电源指示灯、硬盘指示灯、前置报警喇叭接口、USB连接线、AUDIO连接线等，如图1-36所示。

　　9. 整理机箱内部数据线

　　①先将机箱内部线缆理顺，用塑料绳将它们捆绑好，为避免线缆下垂碰到主板上的部件，可将捆好的线缆绑缚在相邻的机箱框架横梁上，如图1-37所示。

图1-36　连接机箱前面板线缆

图1-37　整理机箱内部线缆

　　②经过一番整理后，机箱内部整洁多了，这样做不仅有利于散热，而且方便日后各配件的添加或拆卸工作。整理机箱的连线还可以提高系统的稳定性。装机箱盖时，要仔细检查各部件的连接情况，确保无误后再盖上主机的机箱盖，上好螺丝，主机就安装完成了。

温馨提示

　　理论上，在安装完主机后，是可以盖上机箱盖了，但由于要加电自检测试主机，所以最好先不加盖，等测试成功后再盖。

1.1.3　组装计算机外设并测试

　　安装完主机后，还要把键盘、鼠标、显示器和音箱等外设与主机连接起来，具体操作步骤如下：

①连接鼠标、键盘。

以前鼠标、键盘多为 PS/2 接口，通常鼠标的 PS/2 接口为绿色，键盘的为紫色。将鼠标、键盘的 PS/2 接口连接到主机的 PS/2 接口上，如图 1 –38 所示。有的机器仅提供一组键盘及鼠标可以共享的 PS/2 接口或是仅可供键盘使用。

现在鼠标、键盘的 PS/2 接口已经逐渐被 USB 接口取代，将鼠标、键盘的 USB 接口连接到主机的 USB 接口上，如图 1 –39 所示。

图 1 –38　连接鼠标和键盘的 PS/2 接口

图 1 –39　连接鼠标和键盘的 USB 接口

温馨提示

键盘、鼠标如果具有 USB 接口，可以直接插在计算机的 USB 口上。USB 接口的优点是数据传输率较高，能够满足键盘、鼠标在刷新率和分辨率方面的要求，并且支持热插拔。

②连接显示器的数据线。数据线的接法也有方向，接的时候要和插孔的方向保持一致，如图 1 –40 所示。

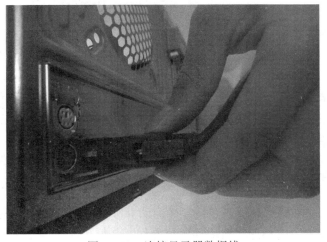
图 1 –40　连接显示器数据线

③连接显示器的电源线，如图 1-41 所示。根据显示器的不同，有的将电源连接到主板电源上，有的则直接连接到电源插座上。

④连接主机的电源线，如图 1-42 所示。音箱的连接有两种情况，通常有源音箱接在 LOUT 口上，无源音箱则接在 SPK 口上。

图 1-41　安装显示器电源

图 1-42　连接主机电源

⑤开机测试。将显示器和主机的电源插头插入电源插座中，接通电源并按下主机上的电源开关按钮。正常启动计算机后，可以听到 CPU 风扇和电源风扇转动的声音，同时，还会发出"嘀"的一声，显示器的屏幕上出现计算机开机自检画面，表示计算机主机已组装成功，如图 1-43 所示。

图 1-43　开机检测

⑥如果计算机未正常运行，则需要对计算机中的配件安装步骤进行重新检查。

至此，硬件的安装就完成了。但是要使电脑正常运行，还需要进行硬盘的分区和格式化，然后安装操作系统，再安装显示卡、声卡等驱动程序。

项目总结

本项目通过组装一台计算机，使读者了解计算机中各种硬件的结构特点，掌握计算机的组装过程。组装过程中，应根据注意事项规范操作，最好先制订一个组装流程，从而提高组装的速度和效率。

项目 2
BIOS 的设置

微课 1－9
BIOS 设置操作

基本信息	姓名		学号		班级		总评成绩	
	规定时间	30 min	完成时间		考核日期			
任务工单	序号	步骤	完成情况			标准分	评分	
			完成	基本完成	未完成			
	1	进入 BIOS				10		
	2	BIOS 功能设置				15		
	3	Main（主要设置）				15		
	4	Advanced（高级设置）				15		
	5	Security（安全设置）				15		
	6	Boot（启动设置）				10		
	7	Exit（退出设置）				10		
操作规范性						5		
安全						5		

✓ 项目目标

本项目通过完成 BIOS 的设置工作，使读者掌握进入 BIOS 的方法，了解 BIOS 各项设置的含义，掌握常见 BIOS 设置的方法。

✓ 项目分析

BIOS 的管理功能在很大程度上决定了主板性能的优越性，首先要了解当前操作的 BIOS 类型，确定进入 BIOS 的方法，了解 BIOS 各项设置的含义，设置常见的 BIOS 选项。

✓ 知识准备

BIOS（Basic Input/Output System，基本输入/输出系统），是一组固化到计算机主板的一个 ROM 芯片上的程序，它可从 CMOS 中读写系统设置的具体信息。其主要功能是为计算机提供最底层的、最直接的硬件设置和控制。不同类型主板的 BIOS 基本功能大致相同，略有差异。BIOS 的管理功能主要包括 BIOS 系统设置程序、BIOS 中断服务程序、POST 上电自检程序和 BIOS 系统自启程序。

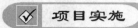 **项目实施**

1.2.1 进入 BIOS

在计算机自检启动过程中，按特定的热键一般可进入 BIOS 设置程序，下面以 Phoenix BIOS 为例，讲解 BIOS 设置程序的步骤。

①依次打开显示器和主机电源启动计算机，电脑开始进行 POST 自检。

②按下 Delete（或者 Del）键不放手，直到进入 BIOS 设置界面，如图 1-44 所示。

温馨提示

在计算机启动时，按键的时机一定要把握正确，如果来不及在自检过程中进入 BIOS 设置画面，可以补按 Ctrl + Alt + Del 组合键或按下机箱上的 RESET 按钮，重新启动后，再次进入自检过程，然后按相应的键进入 BIOS 设置程序。

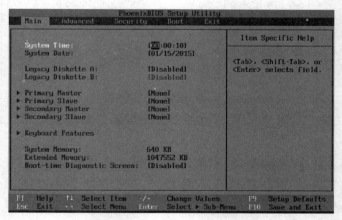

图 1-44　Phoenix BIOS 主界面

温馨提示

不同类型的 BIOS，其进入设置程序的按键也不一样：

①Phoenix - Award BIOS：按 Del 键进入 BIOS，屏幕有提示。

②Award BIOS：按 Ctrl + Alt + Esc 组合键、Del 或 Esc 键进入 BIOS，屏幕有提示。

---

③AMI BIOS：按 Del 或 Esc 键进入 BIOS，屏幕有提示。

④COMPAQ BIOS：屏幕右上角出现光标时，按 F10 键进入 BIOS，屏幕无提示。

⑤AST BIOS：按 Ctrl + Alt + Esc 组合键进入 BIOS，屏幕无提示。

1.2.2 BIOS 功能设置

目前主流的 BIOS 包括 AwardBIOS、AMIBIOS、PhoenixBIOS。这三种 BIOS 虽然界面存在着很大的差异，但是功能类似。下面以 PhoenixBIOS 为例讲解 BIOS 参数的设置过程，AMIBIOS 和 AwardBIOS 的设置方法虽然与 PhoenixBIOS 有些不同，但基本思路是一样的，读者可对比学习。

1. PhoenixBIOS 功能概览

图 1-44 是 PhoenixBIOS 设置的主界面，最上面一行标出了 Setup 程序的类型是 PhoenixBIOS。主界面共有 5 个菜单，含义见表 1-1。默认显示的是"Main"菜单的内容，每个菜单包含若干个子项目，子项目前面有三角形箭头的表示该项包含子菜单。

表 1-1 PhoenixBIOS 设置主界面

项目	功能
Main（主要设置）	设定日期、时间、软硬盘、键盘等内容
Advanced（高级设置）	对系统的高级特性进行设定
Security（安全设置）	对系统的安全特性进行设定
Boot（启动设置）	对系统的启动进行设定
Exit（退出设置）	对系统的退出进行设定

2. PhoenixBIOS 设置的操作

在 BIOS 设置过程中，主要通过 4 个箭头键来切换不同的设置内容，各设置键及功能见表 1-2。

表 1-2 PhoenixBIOS 设置的操作方法

操作	功能
按 ↑、↓	选择需要操作的项目
按 ←、→	选择需要操作的菜单
按 -、+ 键	减少或增加数值，也可改变选择项
按 Enter 键	选定选项，有子菜单的，进入子菜单
按 Esc 键	从子菜单回到上一级菜单或者跳到退出菜单
按 PageUp 键	选择当前界面的第一项
按 PageDown 键	选择当前界面的最后一项

续表

操作	功能
按 F1 键	主题帮助，仅在状态显示菜单和选择设定菜单时有效
按 F9 键	设置默认值
按 F10 键	保存并退出

温馨提示

进入 BIOS 程序后，如果看见的 BIOS 程序界面是蓝底白字的，一般都是 AwardBIOS 程序，而 BIOS 程序界面是灰底蓝字的，一般都是 AMIBIOS 程序。

1.2.3　Main（主要设置）

"Main"菜单的主要项目功能见表 1 – 3。

表 1 – 3　Main（主要设置）

项目	说明
System Time（系统时间）	设置系统时间：格式 HH:MM:SS
System Date（系统日期）	设置系统日期：格式 MM/DD/YY
Primary Master（第一通道主硬盘）	按下 Enter 键会出现下级功能界面，会显示相关信息，可设置第一通道主硬盘
Primary Slave（第一通道从硬盘）	按下 Enter 键会出现下级功能界面，会显示相关信息，可设置第一通道从硬盘
Secondary Master（第二通道主硬盘）	按下 Enter 键会出现下级功能界面，会显示相关信息，可设置第二通道主硬盘
Secondary Slave（第二通道从硬盘）	按下 Enter 键会出现下级功能界面，会显示相关信息，可设置第二通道从硬盘
Keyboard Features（键盘功能）	按下 Enter 键会出现下级功能界面，可设置键盘功能
System Memory（系统内存）	显示系统内存的大小
Extended Memory（扩展内存）	显示扩展内存的大小
Boot – time Diagnost Screen（引导时诊断界面）	在启动时显示诊断画面

下面介绍一些"Main"菜单的常用设置。

1. 设置系统日期和时间

①在图 1 – 44 所示的"Main"菜单中，用方向键移动光标到"System Time"选项。

②设置选项的先后顺序是时、分、秒，其中"时"采用 00 – 23 表示。按 Enter 键可在

时、分、秒上切换，按 + 、 − 或数字键可更改时间值。

③用方向键把光标移动到"System Date"，设置选项的先后顺序是月、日、年。按 Enter 键可在月、日、年上切换，按 + 、 − 或数字键可更改日期值。

④按 F10 键，执行"Save and Exit"功能，弹出"Setup Confirmation"对话框，询问操作者是否保存修改的设置并退出。"Yes"表示保存，"No"表示不保存，默认选项是"Yes"。如果操作者不想保存，可以按→键选择"No"，最后按 Enter 键，如图 1 − 45 所示。

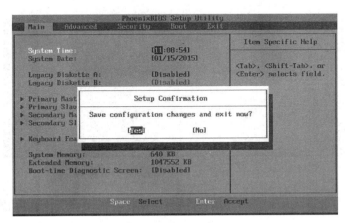

图 1 − 45 保存日期和时间设置

2. 设置禁止软驱显示

现在的计算机基本不再使用软驱，通过 BIOS 可以设置禁止软驱显示：

①在图 1 − 44 所示的"Main"菜单中，用方向键移动光标到"Legacy Diskette A"选项。

②按 + 或 − 键，调整到"Disabled"选项，如图 1 − 46 所示。

图 1 − 46 "Legacy Diskette A"设置

③按 F10 键，执行保存并退出，方法同上。进入 Windows 10 的"计算机"窗口就看不见软盘图标了。

3. 设置 Primary Master

①在图 1 – 44 所示的 "Main" 菜单中，用方向键移动光标到 "Primary Master（第一通道主硬盘）" 选项，如图 1 – 47 所示。

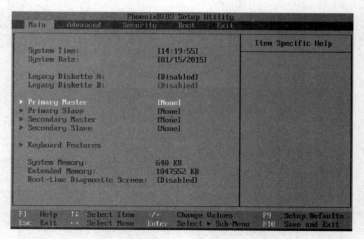

图 1 – 47 "Primary Master" 设置

②按 Enter 键进入下级子菜单，按 + 或 – 键，将类型 "Type" 调整到所需选项，在界面右侧的 "Item Specific Help" 中有不同类型的说明。本例调整为 "Auto" 选项，如图 1 – 48 所示。

图 1 – 48 "Type" 设置为 "Auto"

③按 F10 键，执行保存并退出，方法同上。

1.2.4 Advanced（高级设置）

"Advanced" 菜单主要项目功能见表 1 – 4，界面如图 1 – 49 所示。下面将介绍具体的设置方法。

表 1−4 Advanced（高级设置）

项目	功能
Multiprocessor Specification（多处理器规格）	设置多处理器规格
Installed O/S（安装的 O/S）	设置此选项中的系统种类可实现对相应老版本系统的支持
Reset Configuration Data（复位配置数据）	设置复位配置数据
Cache Memory（高速缓冲存储器）	设置高速缓冲存储器
I/O Device Configuration（I/O 设备配置）	设置输入/输出设备配置
Large Disk Access Mode（大磁盘访问模式）	设置大磁盘访问模式
Local Bus IDE adapter（局部总线 IDE 适配器）	有 Disabled、Primary、Secondary、Both 四个值可供设置
Advanced Chipset Control（高级芯片组控制）	设定主板芯片组的相关参数

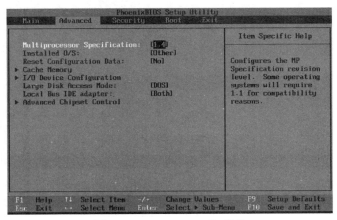

图 1−49 "Advanced" 菜单

1. 设置 Cache Memory

①在图 1−49 所示的 "Advanced" 菜单中，用方向键移动光标到 "Cache Memory（高速缓冲存储器）" 选项。

②按 Enter 键，进入 "Cache Memory" 设置界面，用方向键移动光标到 "Memory Cache" 选项。该选项有两个值：Enabled，开启记忆体快取功能；Disabled，关闭记忆体快取功能。按 + 或 − 键，调整到 "Enabled" 选项，如图 1−50 所示。

2. 设置 I/O Device Configuration

①按 Esc 键回到上级 "Advanced" 界面，用方向键移动光标到 "I/O Device Configuration（I/O 设备配置）" 选项，如图 1−51 所示。

②按 Enter 键，进入 "I/O Device Configuration" 设置界面，如图 1−52 所示。

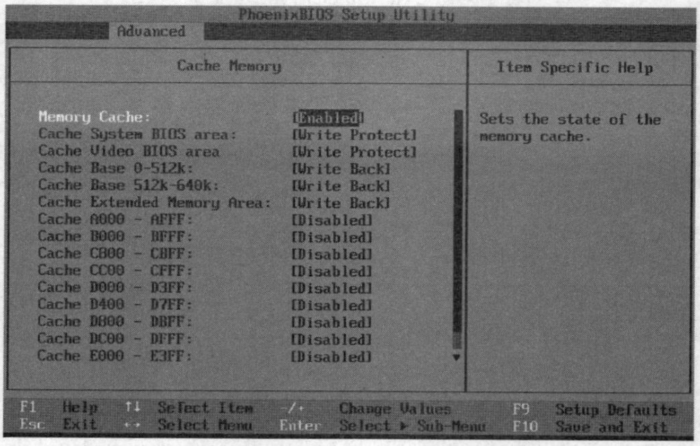

图 1 – 50　"Cache Memory" 设置

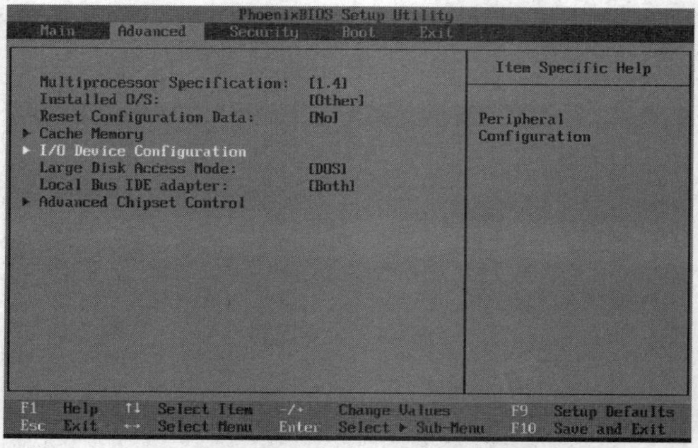

图 1 – 51　选择 "I/O Device Configuration"

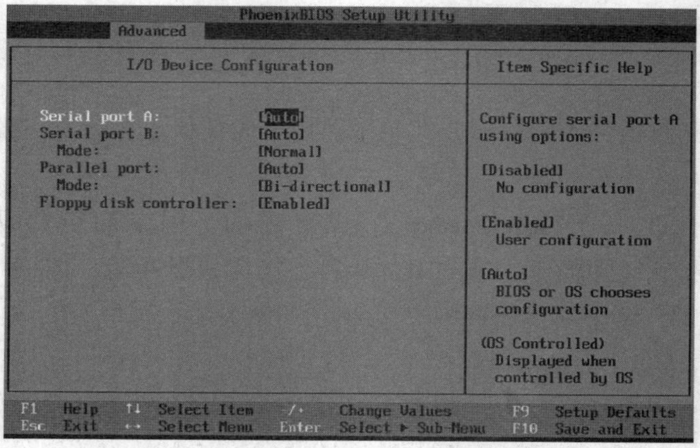

图 1 – 52　"I/O Device Configuration" 设置

Serial port A/B：串行口，也就是常说的 COM 口设置，有三个值，即 Auto（自动）、Disabled（关闭）和 Enabled（开启）。

Mode：串口模式，红外线接口按照速率分为 IRDA（115 200 b/s）、ASK – IR（1. 15 Mb/s）和 FAST IR（4 Mb/s），默认为 Normal。

Parallel port：并行端口设置，有三个值，即 Auto（自动）、Disabled（关闭）和 Enabled（开启）。

Mode：并口模式，主要有如下几种：Bi – Directional，双向支持；ECP，即 Extended Capability Port，扩展功能并口；EPP，即 Enhanced Parallel Port，增强型高速并口；SPP，即 Standard Parallel Port，标准并口。

Floppy disk controller：软盘控制器，有三个值，即 Auto（自动）、Disabled（关闭）和 Enabled（开启）。

本例中各项设置采用默认值。

3. 设置 Advanced Chipset Control

①按 Esc 键回到上级"Advanced"界面，用方向键移动光标到"Advanced Chipset Control（高级芯片组控制）"选项，如图 1 – 53 所示。

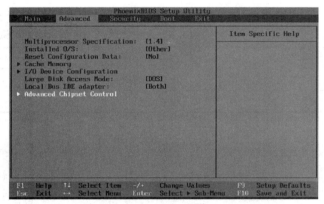

图 1 – 53　选择"Advanced Chipset Control"

②按 Enter 键，进入"Advanced Chipset Control"设置界面，如图 1 – 54 所示。

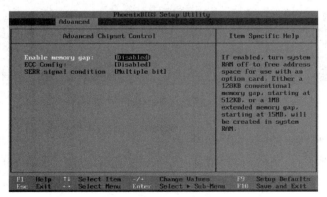

图 1 – 54　"Advanced Chipset Control"设置

Enable memory gap：启用内存缺口，可以通过此选项选择关闭系统 RAM，以释放地址空间。有三个值：Disabled（关闭）、Conventional（常规的）和 Extended（扩展的）。

ECC Config：全称 Error Checking and Correction Config，错误检测和修正配置，是一种用于 Nand 的差错检测和修正算法。该项可选择是否使用 ECC，默认为 Disabled。

SERR signal condition：指定需要限制为 ECC 错误的情况。有四个值：Single bit（单一位）、Multiple bit（多个位）、Both（两个）和 None（无）。

本例中各项设置采用默认值。

1.2.5　Security（安全设置）

"Security"菜单的主要项目功能见表 1-5，界面如图 1-55 所示。下面将介绍具体的设置方法。

表 1-5　Security（安全设置）

项目	功能
Supervisor Password Is（管理员密码状态）	显示管理员密码状态，有两个值：Set，已设置密码；Clear，未设置密码（此值系统自动调整）
User Password Is（用户密码状态）	显示用户密码状态，有两个值：Set，已设置密码；Clear，未设置密码（此值系统自动调整）
Set User Password（设置用户密码）	设置用户密码
Set Supervisor Password（设置管理员密码）	设置管理员密码
Password on boot（口令开机）	设置开机口令

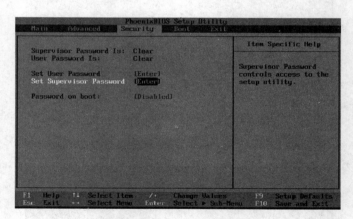

图 1-55　"Security"菜单

1. 设置 Set Supervisor/User Password

①在图 1-55 所示的"Security"菜单中，用方向键移动光标到"Set Supervisor Password（设置管理员密码）"选项。

②按 Enter 键，弹出密码输入对话框，在"Enter New Password"文本框中输入密码（比

如 123456），按 Enter 键进入 "Confirm New Password" 文本框，再次输入密码进行确认，如图 1-56 所示。

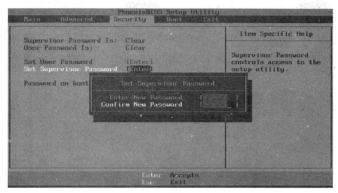

图 1-56　输入密码对话框

③按 Enter 键，弹出信息提示 "Setup Notice Changes have been saved. [Continue]（设置通知更改已被保存。[继续]）"，如图 1-57 所示。再次按 Enter 键，密码设置完成，观察 "Supervisor Password Is" 由 "Clear" 变成了 "Set"。可用同样的方法设置 "Set User Password"。

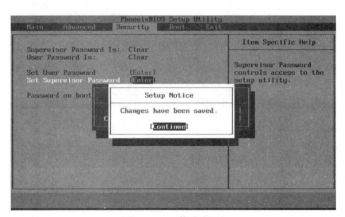

图 1-57　信息提示

④按 F10 键保存并退出，重新进入 BIOS，弹出密码输入对话框，如图 1-58 所示。在 "Enter Password" 文本框中输入密码，如果密码错误，弹出提示信息 "Invalid Password（无效的密码）"，如图 1-59 所示。按 Enter 键，重新输入正确的密码才能进入 BIOS，密码可以是 User Password（用户密码），也可以是 Supervisor Password（管理员密码），本例输入管理员密码进入 BIOS。

温馨提示

用 User Password 进入 BIOS，不能修改 Supervisor Password，也不能设置 "Password on boot"；用 Supervisor Password 进入 BIOS，可以执行这些操作。

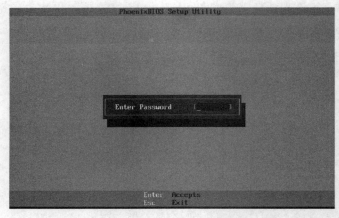

图 1 – 58　输入密码对话框

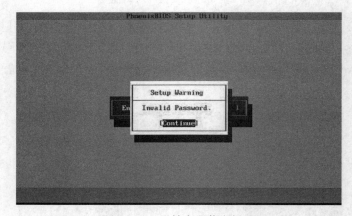

图 1 – 59　无效密码信息提示

2. 设置开机口令

①用方向键移动光标到"Security"菜单中的"Password on boot（开机口令）"选项，按＋或－键，调整到"Enabled"选项，如图 1 – 60 所示。

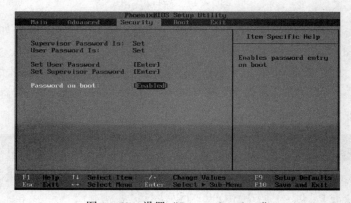

图 1 – 60　设置"Password on boot"

②按 F10 键保存并退出，再次进入 Windows 10 操作系统之前，弹出密码输入对话框，如图 1 – 61 所示。输入正确的用户密码或管理员密码才能进入系统。

图 1 – 61　输入开机密码

1.2.6　Boot（启动设置）

"Boot"菜单主要项目功能见表 1 – 6，界面如图 1 – 62 所示。下面将介绍具体的设置方法。

表 1 – 6　Boot（启动设置）

项目	功能
Removable Devices（可移动设备）	设置可移动设备引导
CD – ROM Drive（光盘驱动）	设置光盘驱动引导
Hard Drive（硬盘驱动）	设置硬盘驱动引导
Network boot from Intel E1000（从英特尔 E1000 网络启动）	设置从英特尔 E1000 网络启动引导

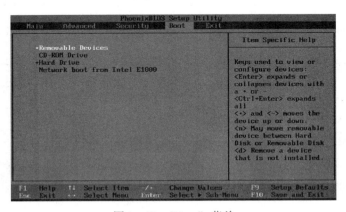

图 1 – 62　"Boot"菜单

在计算机启动时，需要为计算机指定从哪个设备启动。常见的启动方式有从硬盘启动、从光盘启动和从 U 盘启动。安装操作系统时，就要指定从光盘或 U 盘启动，下面介绍从光盘启动的方法。

①在图 1－62 所示的"Boot"菜单中，用方向键移动光标到"CD－ROM Drive"选项，如图 1－63 所示。

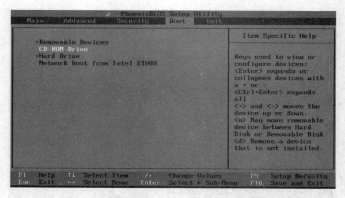

图 1－63　设置"CD－ROM Drive"为第一启动设备

②按 F10 键，执行保存并退出。

温馨提示

安装操作系统前，一般将第一启动设备设置为光盘驱动器，将第二启动设备设置为硬盘驱动器。当需要从光盘启动时，把光盘放入光驱，安装完操作系统后，可将光盘取出。当光驱中没有启动光盘时，系统会自动寻找第二启动设备即硬盘驱动器，找到后从硬盘启动进入操作系统。

1.2.7　Exit（退出设置）

"Exit"菜单主要项目功能见表 1－7，界面如图 1－64 所示。下面将介绍具体的设置方法。

表 1－7　Exit（退出设置）

项目	功能
Exit Saving Changes（退出并保存更改）	保存更改退出
Exit Discarding Changes（退出并放弃更改）	不保存更改退出
Load Setup Defaults（加载设置默认值）	恢复出厂设置
Discard Changes（放弃更改）	放弃所有操作恢复至上一次的 BIOS 设置
Save Changes（保存更改）	保存但不退出

若对 BIOS 设置不正确，而使计算机无法正常运行时，需要将 BIOS 恢复到默认设置，设置方法如下。

①在图 1－64 所示的"Exit"菜单中，用方向键移动光标到"Load Setup Defaults"选项，如图 1－65 所示。

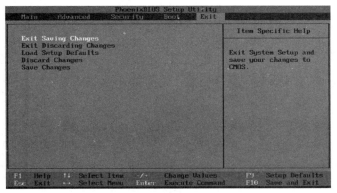

图 1-64 "Exit" 菜单

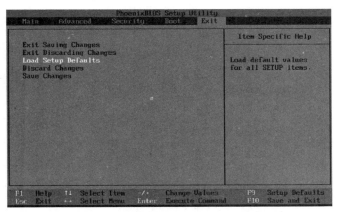

图 1-65 设置 "Load Setup Defaults"

②按 F10 键保存设置并退出。

项目总结

本项目通过对 BIOS 进行设置，使读者了解 BIOS 各项设置的含义，掌握常用 BIOS 选项的设置方法。注意，安装操作系统前后，第一启动设备设置略有不同，若 BIOS 设置不正确，而使计算机无法正常运行，又忘了原来的设置值，可将 BIOS 恢复到默认设置。

项目 3

Windows 10 操作系统的安装

基本信息	姓名		学号		班级		总评成绩	
	规定时间	30 min	完成时间		考核日期			
任务工单	序号	步骤	完成情况			标准分	评分	
			完成	基本完成	未完成			
	1	了解 Windows 10 操作系统的安装环境				20		
	2	设置 BIOS 光盘启动安装程序				20		
	3	安装 Windows 10 操作系统				50		
操作规范性						5		
安全						5		

✓ 项目目标

本项目通过安装 Windows 10 操作系统，使读者了解 Windows 10 操作系统的安装环境，掌握 Windows 10 操作系统的安装方法。

✓ 项目分析

①了解 Windows 10 操作系统的安装环境。
②设置 BIOS 光盘启动安装程序。
③对磁盘分区。
④安装 Windows 10 操作系统。
⑤完成设置。

✓ 知识准备

Windows 10 是微软公司推出的电脑操作系统，供个人、家庭及商业使用，一般安装于笔记本电脑、平板电脑、多媒体中心等。Windows 10 操作系统的安装环境主要包括以下几点：

①CPU：1 GHz 及以上（32 位或 64 位处理器）。

②内存：32 位，1 GB 以上；64 位，2 GB 以上。

③硬盘：32 位，16 GB 以上可用空间；64 位，20 GB 以上可用空间。

④显卡：有 WDDM 1.0 或更高版驱动的显卡 64 MB 以上；128 MB 为打开 Aero 的最低配置。

⑤光驱：CD – ROM 或者 DVD 驱动器。

项目实施

1.3.1　了解 Windows 10 操作系统的安装环境

Windows 10 是由美国微软公司开发的应用于计算机和平板电脑的操作系统，其安装环境配置要求见表 1 – 8。

表 1 – 8　Windows 10 安装环境配置表

硬件	桌面版本	移动版本
处理器	1 GHz 或更快的处理器或 SoC	—
RAM	1 GB（32 位）或 2 GB（64 位）	—
硬盘空间	16 GB（32 位操作系统）或 20 GB（64 位操作系统）	1.4 GB
显卡	DirectX 9 或更高版本（包含 WDDM 1.0 驱动程序）	—
分辨率	800×600 像素	—
软件环境	Windows 7、Windows 8、Windows 8.1	Windows Phone 8.1 GDR1 QFE8
网络环境	需要建立 Internet Wi – Fi 连接	—

1.3.2　设置 BIOS 光盘启动安装程序

安装 Windows 10 操作系统之前，需要为计算机指定从哪个设备启动。本例以 Phoenix BIOS 为例，介绍设置 BIOS 指定从光盘启动的方法。

①电脑开机后进入 POST 自检过程，迅速按下 Delete（或者 Del）键不放手，直到进入 BIOS 设置界面，如图 1 – 66 所示。

温馨提示

在计算机启动时，按键的时机一定要把握准确，如果来不及在自检过程中进入 BIOS 设置画面，可以补按 Ctrl + Alt + Del 组合键或按下机箱上的 RESET 按钮，重新启动，再次进入自检过程，然后按相应的键进入 BIOS 设置程序。

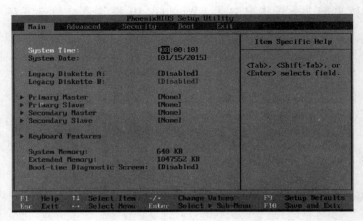

图 1 - 66　PhoenixBIOS 主界面

②选择"Boot"选项卡，在选项列表中用方向键将光标移动到"CD - ROM Drive"选项，如图 1 - 67 所示。

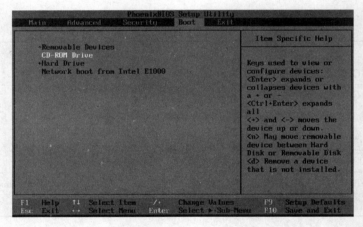

图 1 - 67　设置"CD - ROM Drive"为第一启动设备

③按 F10 键，执行保存并退出。

1.3.3　安装 Windows 10 操作系统

Windows 10 操作系统的安装过程如下：

①将 Windows 10 操作系统光盘插入光驱，开启计算机，从光驱启动后，计算机开始读取光盘数据，载入 Windows 的安装界面，弹出"Windows 安装程序"对话框，选择"要安装的语言""时间和货币格式""键盘和输入方法"的版本，单击"下一步"按钮，如图 1 - 68 所示。

②单击"现在安装"按钮。注意：左下角有"修复计算机"选项，在操作系统出现故障时，如系统文件丢失等，可以通过该选项修复，如图 1 - 69 所示。

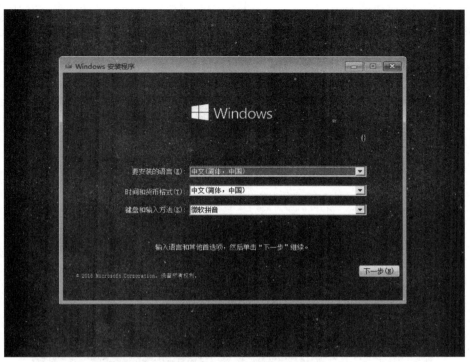

图 1-68　设置输入语言和其他首选项

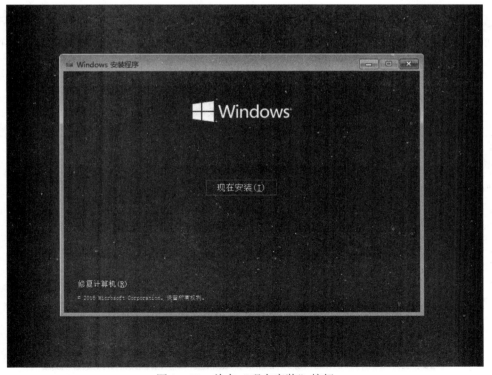

图 1-69　单击"现在安装"按钮

③进入安装程序启动过程，显示"Windows 安装程序"对话框，如图 1−70 所示。要求激活 Windows，如果是第一次在这台电脑上安装 Windows 10 系统，则需要输入有效的 Windows产品密钥。如果正在重新安装 Windows 或现在不想输入产品密钥，可选择"我没有产品密钥"，稍后再自行激活，本例单击"我没有产品密钥"按钮。

图 1−70　"Windows 安装程序"对话框

④选择要安装的操作系统，列表框中显示了两种类型：Windows 10 专业版和 Windows 10 家庭版。注意：如果选错了版本，将会因为没有许可证而停止安装，需要重新执行安装过程。本例选择"Windows 10 专业版"，单击"下一步"按钮，如图 1−71 所示。

图 1−71　选择安装的类型

⑤显示"许可条款"，阅读"微软软件许可条款"后，如同意，则勾选"我接受许可条款"，单击"下一步"按钮，如图 1 - 72 所示。

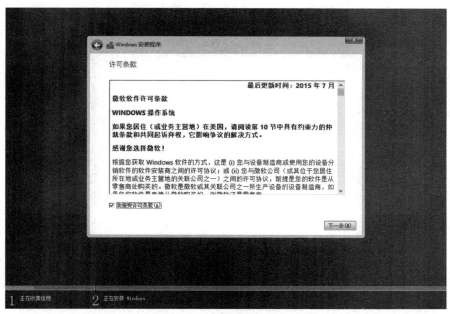

图 1 - 72　勾选"我接受许可条款"

⑥选择安装类型，Windows 10 提供了两种安装类型：升级和自定义。升级：安装 Windows 并保留文件、设置和应用程序。自定义：仅安装 Windows（高级）。此选项不会将文件、设置和应用程序移到 Windows。本例选择"自定义"，如图 1 - 73 所示。

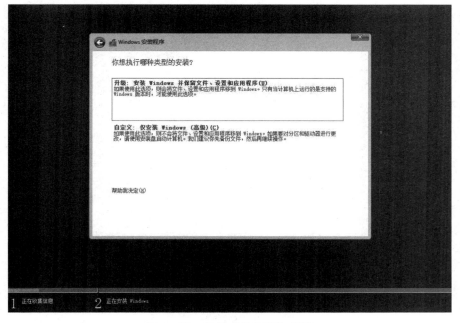

图 1 - 73　选择"自定义"安装

⑦在"你想将 Windows 安装在哪里？"界面中，可以看到计算机的硬盘空间，包括每一个分区，目的是选择安装操作系统的盘符。本例磁盘空间为 60 GB，如不划分其他逻辑分区，则直接单击"下一步"按钮，如划分逻辑分区，单击"新建"选项，如图 1-74 所示。

图 1-74　新建分区

⑧在"大小"文本框中显示"61440"，单位 MB，如图 1-75 所示。将其改为"30720"，单击"应用"按钮，如图 1-76 所示。弹出创建额外分区的信息提示窗口，单击"确定"按钮，如图 1-77 所示。

图 1-75　初始分区大小

图 1 – 76 设置分区大小

⑨可以看到当前窗口共有 3 个分区，"驱动器 0 分区 1"为"系统保留"，不做设置。选择"驱动器 0 分区 2"，单击"格式化"按钮，如图 1 – 78 所示。弹出对话框显示格式化警告信息，单击"确定"按钮，如图 1 – 79 所示。

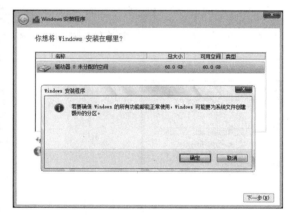

图 1 – 77 系统创建额外分区的信息提示窗口

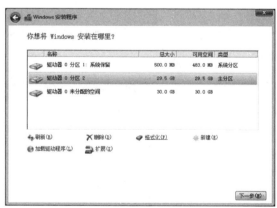

图 1 – 78 设置"驱动器 0 分区 2"

⑩选择"驱动器 0 未分配空间"，单击"新建"按钮，如图 1 – 80 所示。"大小"文本框中显示"30719"，不做更改，直接单击"应用"按钮，如图 1 – 81 所示。同样对其进行格式化处理，格式化完成后，如图 1 – 82 所示。

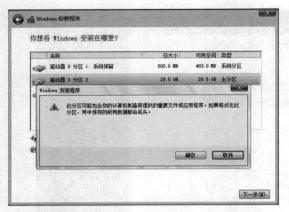

图1-79 "格式化警告"对话框

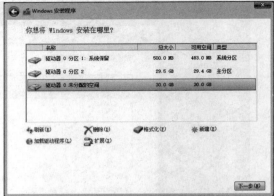

图1-80 再次新建分区

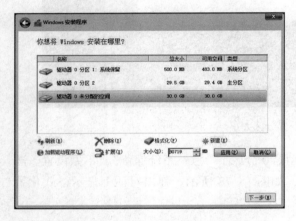

图1-81 设置分区大小

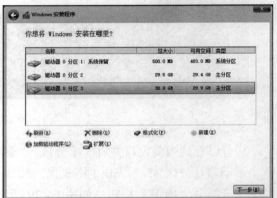

图1-82 设置分区完成

⑪选择"驱动器0分区2"安装Windows系统，单击"下一步"按钮，如图1-83所示。

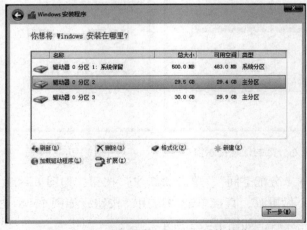

图1-83 选择安装Windows系统的分区

⑫Windows 进入自动安装过程，如图 1 - 84 所示。

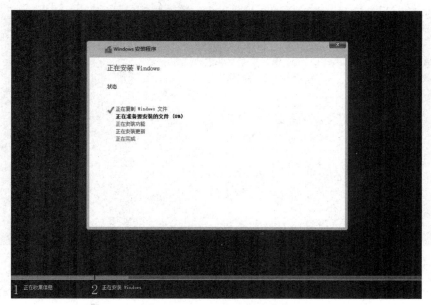

图 1 - 84　Windows 自动安装

⑬安装程序将自动重启计算机，然后继续安装，如图 1 - 85 所示。

图 1 - 85　重启计算机

⑭在安装过程中，计算机会重启多次，直到出现"快速上手"界面。安装主要步骤完成之后，进入后续设置阶段，可以单击界面左下角的"自定义设置"选项进行逐项操作，也可以单击界面右下角的"使用快速设置"按钮采用默认值。本例单击"使用快速设置"按钮，如图1－86所示。

图1－86　单击"使用快速设置"按钮

⑮显示"谁是这台电脑的所有者？"界面，有两个选项，分别为"我的工作单位或学校拥有它"和"我拥有它"。根据自己的实际情况选择，本例选择"我拥有它"，单击"下一页"按钮，如图1－87所示。

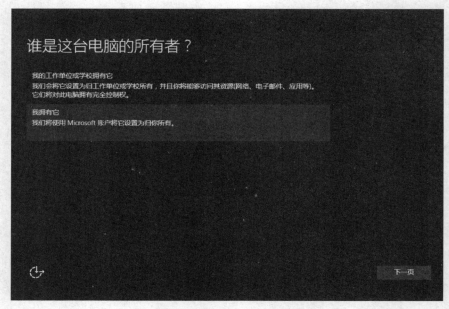

图1－87　设置电脑的所有者

⑯显示"个性化设置"界面。Microsoft 账户为使用者提供了很多权益，可根据自己的需要选择是否设置，本例直接单击"跳过此步骤"按钮，如图 1－88 所示。

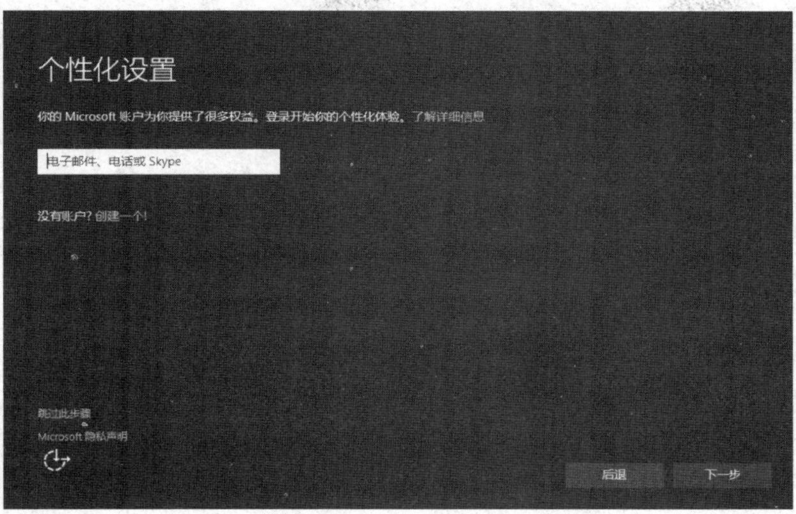

图 1－88　个性化设置

⑰显示"为这台电脑创建一个账户"界面，可以设置用户名和密码。在"输入密码"和"重新输入密码"文本框中输入相同的密码，在"密码提示"文本框中输入密码提示信息。本例输入用户名"chenlei"，但未设置密码（这样密码即为空），然后单击"下一步"按钮，如图 1－89 所示。

图 1－89　创建账户

⑱Windows 继续安装，直到出现 Windows 10 桌面，系统安装完成，如图 1－90 所示。

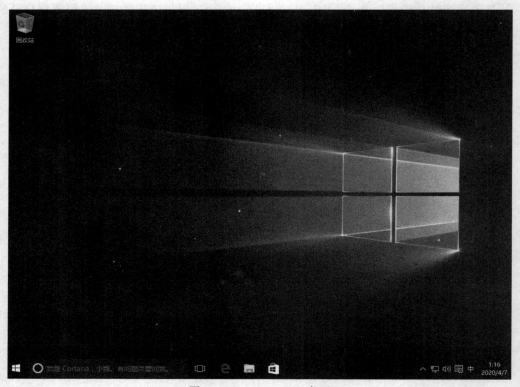

图 1 – 90　Windows 10 桌面

项目总结

　　一般来说，对系统进行升级安装要比进行全新安装方便很多，因为不必重新进行参数设置、不必重新安装应用程序等。但是如果有以下情况，应该进行全新安装：

　　①硬盘是全新的，没有安装操作系统。

　　②操作系统没有升级到 Windows 10 的能力。

　　③不需要保留现有数据、应用程序和参数设置。

　　④硬盘有两个以上容量足够大的分区，希望创建双重启动配置，安装完 Windows 10 后，保留原来的 Windows 操作系统。

项目 4

输入法与打字练习软件的使用

基本信息	姓名		学号		班级		总评成绩	
	规定时间	30 min	完成时间		考核日期			
任务工单	序号	步骤	完成情况			标准分	评分	
			完成	基本完成	未完成			
	1	设置、安装与删除输入法				20		
	2	键盘结构				25		
	3	操作键盘的正确姿势				25		
	4	金山打字通的使用				20		
操作规范性						5		
安全						5		

✓ 项目目标

本项目要求完成输入法的添加、安装与删除，以及指法的练习。在整个项目过程中，期望读者在操作技能方面能够掌握以下几点：

①学会输入法的添加、安装与删除的方法。

②学会正确的指法与键盘操作姿势。

✓ 项目分析

通过键盘向计算机输入信息，是计算机最常用的操作，只有熟悉键盘上每个键的位置和功能，使用最适合自己的输入法，才能提高输入速度和准确性，本项目要掌握：

①添加、安装与删除输入法。

②键盘结构。

③操作电脑的正确姿势。

④金山打字通的使用。

微课 1-10
添加、安装与
删除输入法

☑ **知识准备**

右击项目栏上的输入法图标，在弹出的快捷菜单中，选择"设置"命令，弹出"文本服务和输入语言"对话框，可实现添加、安装与删除输入法的操作。了解键盘结构和指法练习的正确姿势。

☑ **项目实施**

1.4.1　设置、安装与删除输入法

1. 设置输入法

Windows 10 设置输入法的具体操作步骤如下：

①单击屏幕左下角的"开始"图标，在弹出的菜单中，单击"设置"图标，如图 1-91 所示。

图 1-91　单击"设置"图标

②弹出"Windows 设置"窗口，找到并单击"时间和语言"选项，如图 1-92 所示。

图 1-92　单击"时间和语言"选项

③进入新界面，在左边的选项区中单击"语言"选项，如图 1-93 所示。

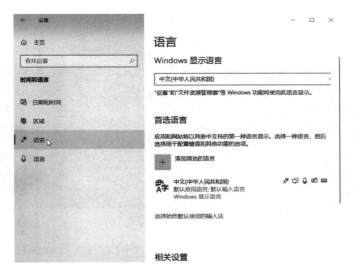

图 1-93 单击"语言"选项

④在"语言"选项的界面中单击"选择始终默认使用的输入法"命令，进入"高级键盘设置"对话框，单击"替代默认输入法"下拉列表，选择一个适合自己的输入法，如图 1-94所示。

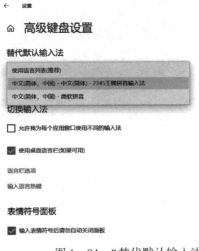

图 1-94 "替代默认输入法"下拉列表

2. 安装输入法

如果需要安装的输入法并不是 Windows 10 自带的输入法，则需要下载或购买该输入法软件后再进行安装。安装搜狗输入法的操作步骤如下：

①打开浏览器，输入网址"https://pinyin.sogou.com"，进入搜狗输入法网页，如图 1-95所示。

图 1 – 95 "搜狗输入法"网页

②单击"立即下载"按钮，弹出如图 1 – 96 所示的询问运行或保存文件的对话框，单击"运行"按钮。

图 1 – 96 询问运行或保存文件对话框

③弹出搜狗输入法安装向导，单击"立即安装"按钮，如图 1 – 97 所示。

图 1 – 97 安装向导

④安装结束后，弹出"安装完成"对话框。对于列举的选项，根据自己的需要进行勾选或取消勾选。单击"立即体验"按钮，如图1-98所示。

图1-98 "安装完成"对话框

⑤弹出"个性化设置向导"对话框，按照提示进行个性化设置，如图1-99所示。

图1-99 "个性化设置向导"对话框

⑥个性化设置完成后，单击"完成"按钮，即可完成输入法的安装。

3．删除输入法

用户也可以对计算机中已经安装的，但不需要或不常用的输入法进行删除操作，其具体的操作步骤如下：

①单击电脑右下角任务栏上的输入法图标，如图1-100所示，在弹出的菜单中单击"语言首选项"。

图1-100 选择"语言首选项"

②弹出"设置"界面的"语言"对话框如图 1 – 101 所示，单击"中文（中华人民共和国）"命令，展开下面的按钮。

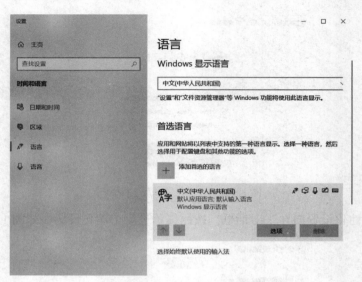

图 1 – 101 "语言"对话框

③单击"选项"按钮，弹出"语言选项"对话框，向下拖动滚动条，找到想要删除的输入法"微软拼音"并单击，展开下面的按钮，如图 1 – 102 所示。

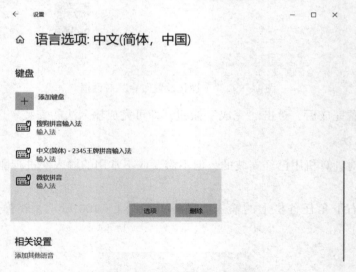

图 1 – 102 "语言选项"对话框

④单击"删除"按钮，完成删除操作。

1.4.2 键盘结构

键盘是电脑最基本的输入设备，是把文字信息和控制信息输入电脑的通道，目前用户比较常用的是 104 键键盘。

1. 键盘布局

根据各按键的功能，键盘可以分成如图 1-103 所示的 5 个键位区。

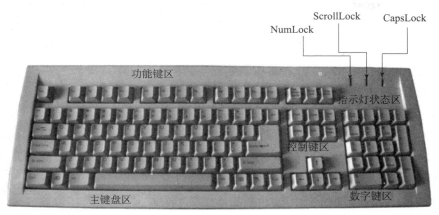

图 1-103　键盘布局

2. 键盘介绍

（1）功能键区

功能键区位于键盘的最上方，如图 1-104 所示。其中：

Esc 键常用于取消已执行的命令或取消输入的字符，在部分应用程序中具有退出的功能。

F1～F12 键的作用在不同的软件中有所不同。

F1 键常用于获取软件的使用帮助信息。

PrintScreen 屏幕截图键，可对整个屏幕进行截图。

ScrollLock 滚屏锁定键。

PauseBreak 键是暂停键/停止键。

图 1-104　功能键区

（2）主键盘区

主键盘区位于键盘的左部，包括字母键、数字键、标点符号键、特殊控制键、Windows 键、快捷菜单键等，如图 1-105 所示。

图 1-105　主键盘区

（3）控制键区

控制键区一般位于键盘的右侧，主要用于在输入文字时控制插入光标的位置。

Ins 或 Insert 插入/改写键，用来实现插入和改写状态的反复转换。按下此键，进入插入状态，所输入的字符将被插入光标之前；再按此键，进入改写状态，所输入的字符将覆盖光标处的字符。

Del 或 Delete 删除键，按下此键可删除光标处的一个字符。

Home 起始键，此键可使光标移动到行首或当前页开头。

End 终点键，此键可使光标移动到行尾或当前页末尾。

PageUp/PageDown 翻页键，按下 PageUp 键，使光标移动到上一页，按下 PageDown 键，使光标移动到下一页。

（4）数字键区

数字键区又称为小键盘区，主要功能是快速输入数字，一般由右手控制输入，主要包括 NumLock 键、数字键、Enter 键和符号键。

温馨提示

数字键盘的基准键位是"4、5、6"键，其中数字 5 上面有个凸起的小横杠或者小圆点，盲打时可以通过它找到基准键位。

（5）状态指示灯区

状态指示灯区有 3 个指示灯，如图 1-103 所示，主要用于提示键盘的工作状态。其中：

NumLock 灯亮时，表示可以使用小键盘区输入数字。

CapsLock 灯亮时，表示按字母键时输入的是大写字母。

ScrollLock 灯亮时，表示屏幕被锁定。

温馨提示

对于经常接触大量数据的用户，使用数字键盘可以大大提高数据的录入速度。大多数键盘的 NumLock 处于打开状态，当 NumLock 处于关闭状态时，数字键盘将启用光标控制功能。

1.4.3 操作键盘的正确姿势

正确的指法及键盘操作的正确姿势是非常重要的，操作姿势与指法直接影响录入速度，所以人们在初学的时候就应该掌握正确的操作姿势和指法，一定要重视，否则，一旦养成不良习惯，再纠正就困难了。

1. 正确姿势

①两脚平放，腰部挺直，两臂自然下垂，两肘贴于腋边，桌椅的高度以双手平放在桌上

为准，如图 1 - 106 所示。

图 1 - 106　正确姿势

②身体可以略微倾斜，离键盘的距离为 20 ~ 30 cm。

③将显示器调整到适当的位置，视线投注在显示器上，不要常常查看键盘，避免视线的一往一返增加眼睛的疲劳。

④打字时，参看的资料或者文稿应该放在键盘的左边，或者用专用夹把其夹在显示器旁边。

⑤开始打字时，要将视线专注于文稿或显示器上，身体要保持放松。

温馨提示

练习打字时，要注意工作环境，光线不要过亮或过暗，避免光线直接照射在荧光屏上而产生视觉干扰；室内要保持通风凉爽，以使有害气体尽快排出。

2. 手指分工

操作键盘时，双手的十个手指有其正确的分工。只有按照正确的手指分工操作，才能提高录入速度和正确率。

（1）认识基准键位

打字键区是最常用的键区，通过它可以实现各种文字和控制信息的录入。在打字键区的正中央有 9 个基准键位，即 A、S、D、F、J、K、L、；键和空格键。

温馨提示

键盘中的 F、J 两个键位上一般都有一个凸出的小横杠，以便于盲打时手指能通过触觉定位。

（2）基准键位正确指法

开始打字前，左手食指、中指、无名批和小指分别轻放在 F、D、S、A 键上，右手食指、中指、无名指和小指分别轻放在 J、K、L、；键上，双手大拇指则轻放在空格键上，如图 1 - 107 所示。

图 1－107　基准键位正确指法

（3）正确的手指分工

掌握了基准键位及其指法，就可以进一步了解十指的正确分工了。十指具体分工如图 1－108所示。

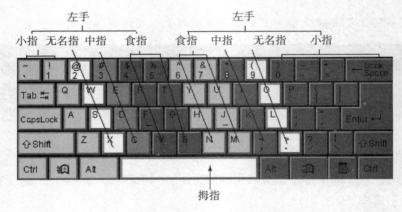

图 1－108　正确的手指分工

（4）正确的击键方法

①击键前，将双手轻放于基准键位上，双手大拇指轻放于空格键位上。

②击键时，手指略微抬起并保持弯曲，以指头快速击键。

③敲键盘时，只有击键时，手指才做动作，其他时间手指放在基准键位不动。

④手指击键要轻，瞬间发力，提起要快。击键完毕后，手指要立刻回到基准键位上，准备下一次击键。

温馨提示

　　击键时，应以指头快速击键，而不要以指尖击键；要用手指"敲"键位，而不是用力按。

1.4.4　金山打字通的使用

金山打字通是金山公司推出的系列教育软件，主要由金山打字通和金山打字游戏两部分构成，是一款功能齐全、数据丰富、界面友好、集打字练习和测试于一体的打字软件。"金山打字通"软件可在网上自行下载安装，也可通过 360 安全卫士的"软件管家"搜索，然后"一键安装"。

1. 金山打字通的启动

①双击桌面上的"金山打字通"快捷图标，打开"金山打字通"窗口，如图 1 - 109 所示。

图 1 - 109　"金山打字通"界面

②单击窗口右上方的"登录"按钮，弹出"登录"对话框，如图 1 - 110 所示。

图 1 - 110　"登录"对话框

③在"创建一个昵称"下方的文本框中设置昵称名为"user1"，如图 1 – 111 所示，单击"下一步"按钮。

④弹出"绑定 QQ"对话框，绑定后，可以保存打字记录、漫游打字成绩、查看全球排名，如图 1 – 112 所示，可以先不绑定 QQ，单击右上角的"关闭"按钮，只要昵称创建好，就可以执行其他大部分操作，以后想绑定时再绑定；也可以单击"绑定"按钮，按照后续提示向导，进行绑定操作。本例暂不绑定 QQ，单击"关闭"按钮，关闭"登录"对话框。

图 1 – 111　"创建昵称"对话框

图 1 – 112　"绑定 QQ"对话框

⑤回到图 1 – 109 所示界面，可以看到界面右上方的"登录"按钮显示"user1"，单击"user1"下拉按钮，显示"user1"的相关信息和操作，如图 1 – 113 所示。

图 1 – 113　"登录"下拉窗口

2. 新手练习

①单击"新手入门"选项，弹出选择练习模式对话框，单击"关卡模式"选项，如图 1 – 114 所示，单击"确定"按钮，回到上级界面。

图 1 – 114　选择练习模式对话框

②再次单击"新手入门"选项，进入如图 1 – 115 所示的"新手入门"界面。单击"打字常识"选项，进入如图 1 – 116 所示的"认识键盘"界面。

图 1 – 115　"新手入门"界面

③单击"下一页"按钮，继续学习，直到打字常识学习结束。单击左上角的"返回"按钮，返回"新手入门"界面，依次学习其他选项。

3. 英文打字练习

①在图 1 – 109 所示的"金山打字通"界面中，单击"英文打字"选项，进入如图 1 – 117 所示的"英文打字"界面。

②选择"单词练习"按钮，进入如图 1 – 118 所示的"单词练习"界面进行练习。

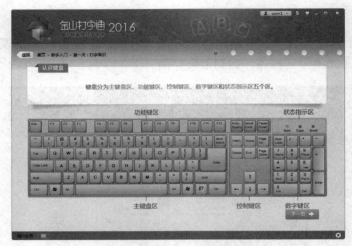

图 1-116　"认识键盘"界面

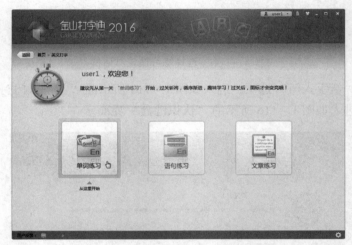

图 1-117　"英文打字"对话框

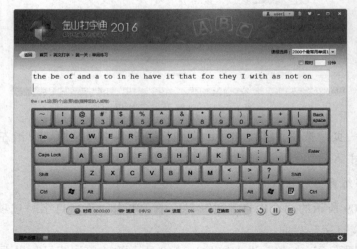

图 1-118　"单词练习"界面

单词输入有错误的时候，字母键上会显示错误提示或者显示红色的字体。

③单击"课程选择"下拉按钮，可以改变练习内容。

④练习完毕后，单击"返回"按钮，回到"金山打字通"主窗口。

4. 利用打字游戏练习

①在图1-109所示的"金山打字通"界面中，单击右下方的"打字游戏"按钮，进入"打字游戏"界面，如图1-119所示。

图1-119　"打字游戏"对话框

②"打字游戏"界面中包含推荐游戏和经典打字游戏，单击"拯救苹果"，初次运行打字游戏，弹出游戏安装向导，按照向导提示安装游戏，完成后进入游戏界面，如图1-120所示。

图1-120　"拯救苹果"游戏界面

③单击"开始"按钮，进行打字游戏练习，如图1－121所示。

图1－121　开始打字游戏

④当单击"设置"按钮时，弹出"功能设置"对话框，可以设置游戏等级、过关苹果数量和失败苹果数量，如图1－122所示。

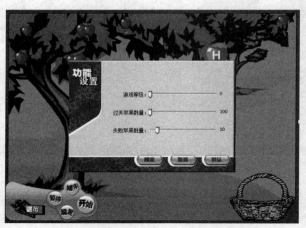

图1－122　"功能设置"对话框

⑤打字游戏结束后，单击"退出"按钮，返回到"打字游戏"窗口。

☑　**项目总结**

本项目通过输入法的添加、安装与删除，以及金山打字通的练习，使读者掌握使用输入法的技巧（输入法可只保留自己常用的几种），提高输入速度。

项目 5
任务管理器的操作

微课 1–11
任务管理器的操作

基本 信息	姓名		学号		班级		总评 成绩	
	规定 时间	30 min	完成 时间		考核 日期			
任 务 工 单	序号	步骤	完成情况			标准分	评分
			完成	基本 完成	未 完成		
	1	启动任务管理器				10	
	2	使用"进程"选项卡				15	
	3	使用"性能"选项卡				15	
	4	使用"应用历史记录"选项卡				15	
	5	使用"启动"选项卡				15	
	6	使用"用户"选项卡				10	
	7	使用"服务"选项卡				10	
操作 规范性						5	
安全						5	

✓ **项目目标**

本项目要求了解任务管理器的功能，掌握任务管理器的操作。

✓ **项目分析**

①了解任务管理器的启动方法。
②了解任务管理器每个选项卡的内容。
③掌握任务管理器的操作方法。

✓ **知识准备**

Windows 10 任务管理器提供了有关计算机性能的信息，并显示了计算机上所运行的程序和进程的详细信息。它的用户界面提供了"文件""选项""查看"菜单项，其下还有"进程""性能""应用历史记录""启动""用户""详细信息""服务"7个选项卡，窗口底部则是状态栏，从这里可以查看到当前系统的进程数、CPU使用率、更改的内存、容量等数据，默认设置下系统每隔2 s对数据进行1次自动更新，也可以单击"查看"→"更新速度"菜单重新设置。

项目实施

1.5.1 启动任务管理器

①在 Windows 10 中启动任务管理器有多种方法，比如，可以按 Ctrl + Shift + Esc 组合键，也可以用鼠标右击任务栏空白处，在弹出的快捷菜单（图1－123）中选择"任务管理器"。

②弹出"任务管理器"对话框，如图1－124所示。单击对话框左下角的"详细信息"选项，显示出"任务管理器"的详细内容，如图1－125所示。

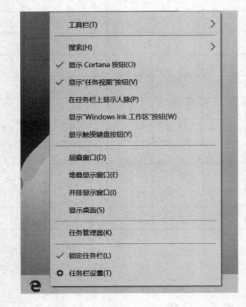

图1－123　快捷菜单　　　　　　　　　　图1－124　"任务管理器"对话框

1.5.2 使用"进程"选项卡

在"进程"选项卡的任务列表中，分为"应用"和"后台进程"两组列表项，选择"Internet Explorer"，单击"结束任务"按钮，如图1－126所示，Internet Explorer 浏览器被关闭，可用同样的方法结束选中的后台进程。

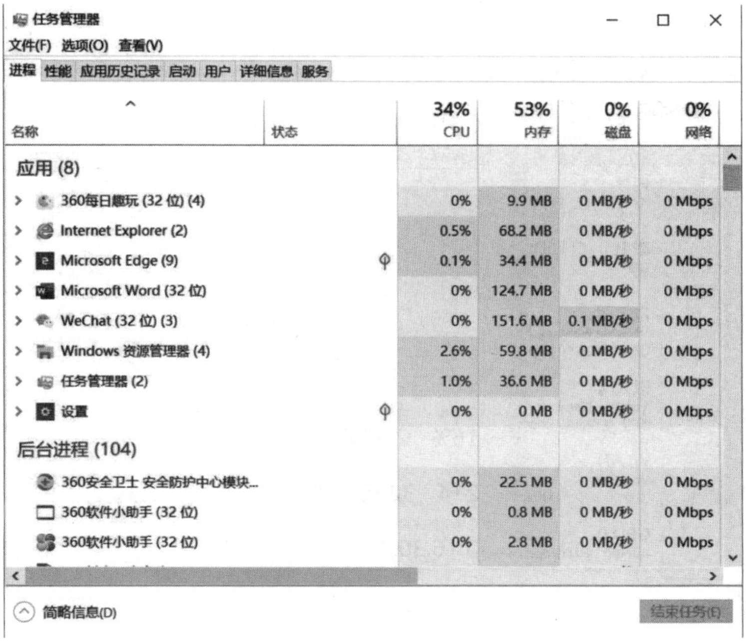

图 1-125　"任务管理器"的详细信息

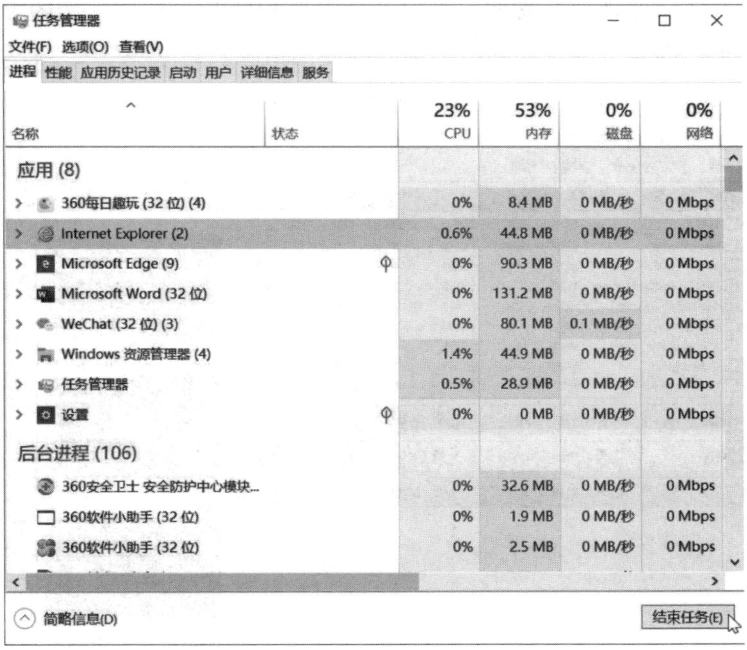

图 1-126　"Internet Explorer"结束任务

1.5.3　使用"性能"选项卡

①选择任务管理器的"性能"选项卡，可以查看 CPU 利用率、内存使用量、磁盘活动时间等多项性能指标，如图 1-127 所示。

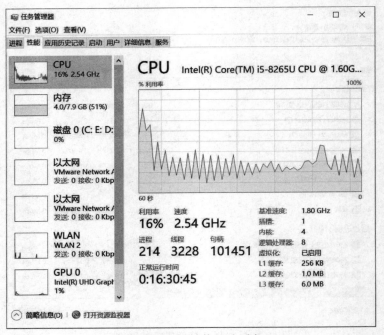

图 1 - 127　"性能"选项卡

②单击"打开资源监视器"按钮，弹出"资源监视器"对话框，如图 1 - 128 所示，可以详细地查看 CPU、内存、磁盘和网络等资源的使用情况。

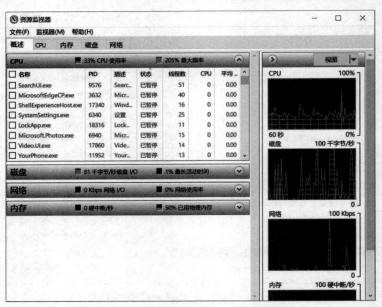

图 1 - 128　"资源监视器"对话框

1.5.4　使用"应用历史记录"选项卡

单击"应用历史记录"选项卡，在下面的列表中，可显示自某一日期以来，当前用户账户的资源使用情况，如图 1 - 129 所示。

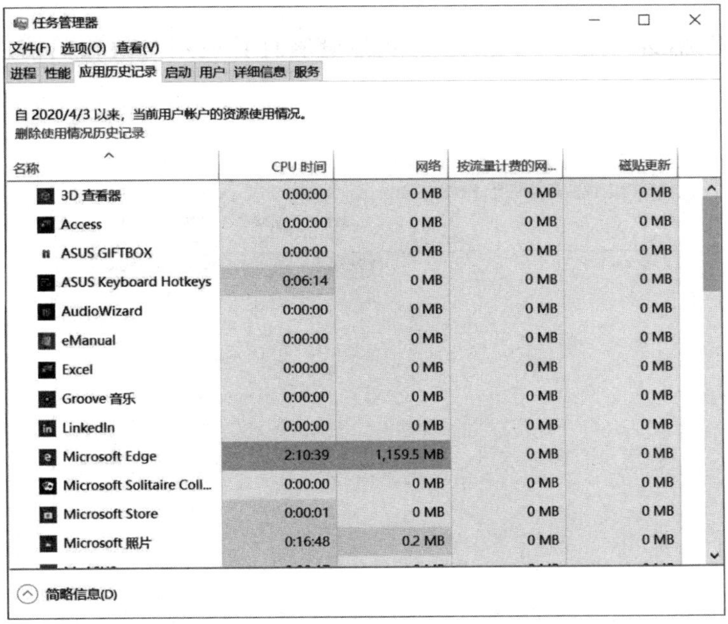

图 1 - 129　"应用历史记录"选项卡

1.5.5　使用"启动"选项卡

选择任务管理器的"启动"选项卡，可以查看相关应用程序的启动状态信息，如图 1 - 130 所示。

图 1 - 130　"启动"选项卡

1.5.6 使用"用户"选项卡

选择任务管理器的"用户"选项卡，可以查看计算机用户的相关信息，如图 1–131 所示。

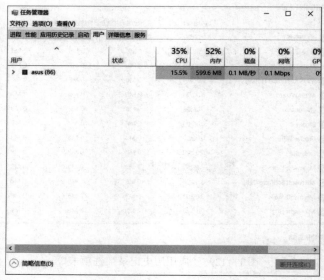

图 1–131 "用户"选项卡

1.5.7 使用"服务"选项卡

①单击任务管理器的"服务"选项卡，在下面的列表中，可以查看各种服务的信息，如图 1–132 所示。

图 1–132 "服务"选项卡

②单击"打开服务"按钮，弹出"服务"对话框，如图1-133所示，可选择其中的某一项服务进行启动、停止等相关操作。

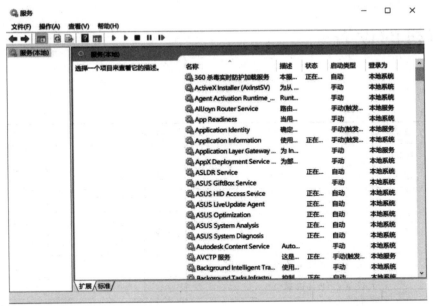

图1-133 "服务"对话框

项目总结

本项目通过操作任务管理器，使读者进一步了解计算机性能、程序和进程的详细信息，如果计算机某程序出现未响应的情况，可通过任务管理器结束相关的任务或进程。

项目 6

打印机的设置

基本信息	姓名			学号		班级		总评成绩	
	规定时间	30 min		完成时间		考核日期			
任务工单	序号	步骤		完成情况			标准分	评分	
				完成	基本完成	未完成			
	1	将打印机设置为默认打印机					15		
	2	设置打印首选项					15		
	3	打印测试页					15		
	4	查看当前打印状态					15		
	5	取消打印作业					15		
	6	设置共享打印机					15		
操作规范性							5		
安全							5		

✓ 项目目标

本项目通过在 Windows 10 系统中对连接到计算机上的打印机进行参数设置，使读者掌握连接到计算机上的外部设备的使用方法。

✓ 项目分析

打印机是人们工作、生活中经常用到的办公设备，打印机连接到电脑以后，只有进行正确的设置，才能有效地利用打印机进行打印。本项目以 Samsung SCX – 3200 Series 型号打印机为例进行讲解。

①将打印机设置为默认打印机。

②设置打印首选项。

③打印测试页。

④查看当前打印状态。

⑤取消打印作业。

⑥设置共享打印机。

⑦设置网络打印机。

✅ 知识准备

电脑打印机，是接收来自电脑的文本文件或影像，并转换成纸张或胶片等媒介的电子装置。它可以直接连接电脑或通过网络间接连接。分为撞击式打印机及非撞击式打印机。非撞击式打印机又分为三种：激光打印机，用激光束将炭粉吸附在纸面上；喷墨打印机，喷洒液态墨水；热感式打印机，用加热的针在特殊涂布的纸上转印影像。打印机重要的特征包括分辨率（每英寸的点数）、速度（每分钟打印的页数）、颜色（彩色或黑白）和内存（影响文件打印的速度）。

✅ 项目实施

1.6.1　将打印机设置为默认打印机

①单击 Windows 的"开始"菜单，单击"设置"命令，在弹出的"Windows 设置"窗口搜索栏中输入"控制面板"命令，如图 1 – 134 所示。

图 1 – 134　搜索"控制面板"

②打开"控制面板"窗口，在"硬件和声音"类别下面单击"查看设备和打印机"，如图 1 – 135 所示，打开"设备和打印机"窗口，如图 1 – 136 所示。

③右击需要设置的打印机，在弹出的快捷菜单中选择"设置为默认打印机"命令，将选中的打印机设为打印任务默认使用的打印机，如图 1 – 137 所示。

图 1 - 135 "控制面板"窗口

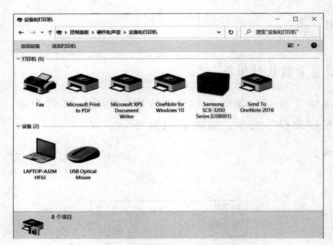

图 1 - 136 "设备和打印机"窗口

图 1 - 137 设置为默认打印机

1.6.2　设置打印首选项

①右击打印机图标，在弹出的快捷菜单中选择"打印机属性"命令，如图 1 – 138 所示，弹出"打印机属性"对话框，选择"常规"选项卡，如图 1 – 139 所示。

图 1 – 138　选择"打印机属性"命令

②单击"首选项"按钮，弹出"打印首选项"对话框，如图 1 – 140 所示。根据自己的需要对各项进行设置，单击"确定"按钮。

图 1 – 139　"打印机属性"对话框

图 1 – 140　"打印首选项"对话框

温馨提示

　　打印首选项的设置也可通过右击打印机图标，在弹出的快捷菜单中选择"打印首选项"命令进入；还可以通过双击打印机图标，进入打印机窗口，双击"调整打印选项"进入。

1.6.3 打印测试页

①在图 1－139 所示"打印机属性"对话框的"常规"选项卡中，单击"打印测试页"按钮，开始打印测试页，并弹出提示信息框，如图 1－141 所示。

②测试页打印完毕后，单击"关闭"按钮。

1.6.4 查看当前打印状态

①当打印机正在执行打印任务时，右击任务栏通知区域的打印机图标 🖨，在弹出的快捷菜单中选择"打开设备和打印机"命令，如图 1－142 所示。

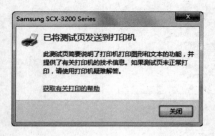

图 1－141　打印测试页提示信息框　　　　图 1－142　选择"打开设备和打印机"命令

②弹出"设备和打印机"窗口，右击打印机图标，在弹出的快捷菜单中选择"查看现在正在打印什么"命令，如图 1－143 所示，弹出"打印机状态"窗口，如图 1－144 所示。

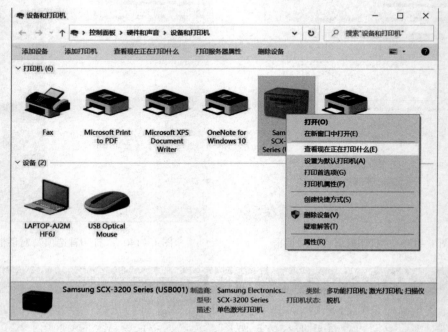

图 1－143　选择"查看现在正在打印什么"命令

③单击"打印机"菜单，可对当前的打印任务进行设置，比如"暂停打印"，如图1－145所示。

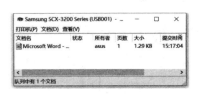

图1－144　"打印机状态"窗口

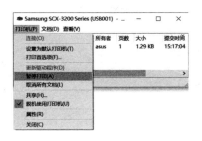

图1－145　暂停打印

1.6.5　取消打印作业

如果打印作业在打印队列或脱机使用打印机服务中等候，可删除打印作业。

①当打印机正在执行打印任务时，右击任务栏通知区域的打印机图标，在弹出的快捷菜单中选择"打开设备和打印机"命令，如图1－142所示。

②弹出"设备和打印机"窗口，右击打印机图标，在弹出的快捷菜单中选择"查看现在正在打印什么"命令，弹出打印机状态窗口，如图1－146所示。

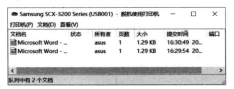

图1－146　"脱机使用打印机"状态

③在列表中选择要取消的打印文档，单击"文档"菜单，选择"取消"命令，如图1－147所示。

④弹出提示信息对话框"你确定要取消这些文档吗?"，单击"是"按钮，如图1－148所示，取消打印文档。

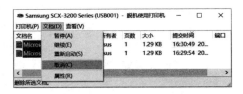

图1－147　选择"取消"命令

图1－148　确定取消文档

1.6.6　设置共享打印机

在一个局域网内，用户可以通过网络来实现多台计算机共同使用同一台打印机，要想将此功能实现，就必须将打印机设为共享。

①打开"控制面板"中的"设备和打印机"窗口，选中已安装好的打印机，右击打印机图标，选择"打印机属性"，在弹出的对话框中选择"共享"选项卡，如图1－149所示。

②单击"更改共享选项"按钮，勾选"共享这台打印机"复选框，可在"共享名"文本框中输入需要共享的名称，也可用系统默认的名字，如图 1 – 150 所示，单击"确定"按钮。

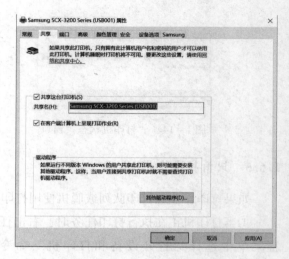

图 1 – 149 "共享"选项卡 图 1 – 150 勾选"共享这台打印机"复选框

项目总结

本项目通过用户对连接到计算机上的打印机进行参数设置，以及添加网络打印机驱动程序来使用网络中的共享打印机进行打印作业，使读者掌握连接到计算机上的外部设备的使用方法及如何共享网络设备。

小结

本部分通过计算机主机的组装、BIOS 的设置、Windows 10 操作系统的安装、输入法与打字练习软件的使用、任务管理器的操作、打印机的设置等任务的完成，使学生掌握计算机的硬件与软件的基础知识。

练习与思考

一、计算机硬件

1. 全角字需要 2 字节来表示，而半角字只需 1 字节。（ ）

A. 正确　　　　　　　　　　　　　　B. 错误

2. 全球定位系统主要是利用红外线作为传输媒介。（ ）

A. 正确　　　　　　　　　　　　　　B. 错误

3. 蓝牙技术指的是一种无线通信技术。（ ）

A. 正确　　　　　　　　　　　　　　B. 错误

4. 下列关于内存容量单位的描述中，正确的是（ ）。

A. $1\ TB = 2^{30}B$　　　B. $1\ KB = 2^{10}B$　　　C. $1\ GB = 2^{30}b$　　　D. $1\ MB = 2^{20}b$

5. 下列描述中，不属于光盘类型的是（ ）。

A. CD – ROM　　　B. EPROM　　　C. DVD – RAM　　　D. DVD – ROM

6. 根据汉字国标 GB 2312—1980 的规定，1 KB 存储容量可以存储汉字的内码个数是（ ）。

A. 1 024　　　B. 256　　　C. 512　　　D. 约 341

7. 配置高速缓冲存储器（Cache）是为了解决（ ）。

A. 内存与辅助存储器之间速度不匹配问题

B. CPU 与辅助存储器之间速度不匹配问题

C. CPU 与内存储器之间速度不匹配问题

D. 主机与外设之间速度不匹配问题

8. 计算机性能指标中 MTBF 表示（ ）。

A. 平均无故障工作时间　　　　　　　　B. 平均使用寿命

C. 最大无故障工作时间　　　　　　　　D. 最小无故障工作时间

9. 当计算机从硬盘读取数据后，将数据暂时储存在于（ ）。

A. 随机存取内存（RAM）　　　　　　　B. 只读存储器（ROM）

C. 高速缓存（Cache）　　　　　　　　D. 缓存器（Register）

10. BIOS 被存储在（ ）。

A. 硬盘存储器　　　B. 只读存储器　　　C. 光盘存储器　　　D. 随机存储器

11. 目前数码相机记忆卡通常使用的内存类型是（ ）。

A. PROM　　　B. ROM　　　C. Flash ROM　　　D. DDR SDRAM

12. 进程所具有的基本状态包括（ ）。（选择三项）

A. 后备状态   B. 运行状态   C. 完成状态   D. 就绪状态

E. 等待状态

13. 下列设备中，属于输入设备的是（选择两项）（　　　）。

A. 显示器   B. 耳机   C. 投影仪   D. 触摸板

E. 条码阅读器

14. 下列选项中，属于内存的是（　　　）。（选择两项）

A. CD – ROM   B. EPROM   C. Cache   D. RAM

E. Smart Media

15. 下列选项中，可作为打印机接口的是（　　　）。（选择两项）

A. HDMI   B. USB   C. COM1   D. DVI

E. LPT1

16. 以下设备中，既是输入设备也是输出设备的是（　　　）。（选择两项）

A. 多点触控屏幕   B. 鼠标

C. 键盘   D. 卡片阅读机

17. 下列设备中，属于输入设备的是（　　　）。（选择两项）

A. 耳机   B. 鼠标   C. 扫描仪   D. 打印机

E. 投影仪

18. 下列选项中，属于内存存储容量单位的是（　　　）。（选择两项）

A. MHz   B. ns   C. MIPS   D. bit

E. TB

19. 计算机认识的两个数字为（　　　）。（选择两项）

A. 0   B. 1   C. 9   D. 2

20. 计算机主要技术指标通常是指（　　　）。（选择四项）

A. CPU 的时钟频率   B. 运算速度

C. 硬盘容量   D. 字长

E. 存储容量

21. 下列设备中，可辅助听视觉障碍人士使用计算机的有（　　　）。（选择两项）

A. 游戏杆   B. 语音识别装置   C. 信息安全规范   D. 屏幕阅读装置

22. 根据存储设备的访问速度，按由快至慢的顺序将下列存储设备排序：（　　　）。

A. 闪存记忆卡   B. 随机存取内存 RAM

C. 硬盘驱动器（Hard Disk）   D. 光盘驱动器

23. 将以下设备按照读取数据速度由慢至快的顺序排序：（　　　）。

A. 只读光驱   B. 高速缓存   C. 主存储器   D. 硬盘

24. 在下列 CPU 类型中，按照功能从强到弱排序：（　　　）。

A. i5 – 6600K   B. Pentium G4500

C. i7 – 6700K   D. Atom x5 Z8300

25. 将下列动作以正确的顺序排列，在 Windows 7 的个人计算机上，安装新的打印机：（　　　）。

A. 将打印机插入 USB 端口　　　　　　B. 安装厂商的驱动程序

C. 使用 Windows Update 更新驱动程序　　D. 允许 Windows 查找以及增加新的硬件

26. 用户要通过蓝牙方式将手机与笔记本电脑进行连接，对可能的操作步骤进行排序：

（　　　）。

A. 关闭设备连接成功的对话框，完成连接

B. 在搜索到的设备列表中，选择要进行连接的设备，并单击"下一步"按钮

C. 比较计算机与要连接的设备之间的配对代码，如果代码一致，则选择"是"

D. 选择"硬件和声音"选项

E. 选择"添加 Bluetooth 设备"

F. 打开 Windows 控制面板

27. 由小到大依序列出计算机中数据组成的顺序：（　　　）。

A. 位（bit）　　　　　B. 字节（Byte）　　　C. 文件（File）　　　D. 记录（Record）

E. 字段（Field）

28. 将下列数据储存单位由小而大顺序排列：（　　　）。

A. KB　　　　　　　　B. GB　　　　　　　　C. MB　　　　　　　　D. PB

E. TB

29. 对个人计算机开机的引导过程中各个步骤进行排序：（　　　）。

A. 对系统的关键部件进行诊断测试　　　　B. 接通电源

C. 启动 ROM 中的引导程序　　　　　　　D. 识别外围设备

E. 加载操作系统

30. 按照年代的由远及近顺序排列各代计算机所使用的元器件：（　　　）。

A. 集成电路　　　　　　　　　　　　　　B. 晶体管

C. 大规模和超大规模集成电路　　　　　　D. 电子管

31. 在 ASCII 码表中，根据码值由小到大的排列顺序：（　　　）。

A. 数字符　　　　　　　　　　　　　　　B. 空格字符

C. 小写英文字母　　　　　　　　　　　　D. 大写英文字母

二、计算机软件

1. 开源软件（Open Source Software，开放源代码软件）是一种源代码可以任意获取的计算机软件，这种软件的版权持有人在软件协议的规定之下保留一部分权利并允许用户学习、修改、增进提高这款软件的质量。（　　　）

A. 正确　　　　　　　B. 错误

2. 若是数据内容同时有中、英、日等多国语言，则适合使用的编码方式是（　　　）。

A. Big – 5　　　　　　B. Unicode（UTF – 8）C. GB2312　　　　　　D. Shift – JIS

3. 下列对于 64 位计算机的叙述中，正确的是（　　　）。

A. 最多可以控制 64 个接口设备　　　　　B. 最多可以同时执行 64 个程序

C. 一次处理 64 个 0 或 1 的数据　　　　　D. 一次将数据储存至 64 个位置

4. 下列不属于管理信息系统（MIS）功能的是（　　　）。

A. 降低成本   B. 提高生产效率

C. 精简工作人员   D. 建立正确的远景目标

5. 以下选项中，属于应用软件的是（　　　）。

A. Windows CE   B. Informix   C. QQ For Windows   D. Netware

6. 下列软件中，可以免费下载使用，但若正式使用，仍需付费的是（　　　）。

A. 专利软件   B. 公用软件   C. 共享软件   D. 免费软件

7. 能提供原始代码的软件是（　　　）。

A. 试用软件   B. 共享软件   C. 开源软件   D. 测试软件

8. 用户使用计算机高级语言编写的程序，通常称为（　　　）。

A. 汇编程序   B. 目标程序

C. 源程序   D. 二进制代码程序

9. 请将下列程序类型与其说明对应。

系统软件	用来执行某些任务、处理数据和生成有用结果的程序，如选课系统
操作系统	用于在计算机上管理计算机资源
公用程序（Utility）	提供操作接口、安装执行程序的环境、文件磁盘与系统安全管理
应用软件	维护计算机效能，如备份与还原、防病毒软件或程序设计工具

10. 请将下列软件与其用途对应。

Dreamweaver	网页设计
MS Project	项目管理
MS Outlook	个人信息管理软件
Google Chrome	浏览器

11. 请将下列程序类型与其说明对应。

免费软件（Freeware）	软件开发商与购买者之间的法律合约
软件授权（Authentications）	内含软件的硬件
固件（Firmware）	通过 Internet 提供软件，在远程数据中心安装、执行与维护，再以浏览器存取使用应用软件，并可进行在线协同作业
软件即服务（Software as a Service，SaaS）	不需要支付授权费用，即可使用于私人非商业用途

12. 请将下列软件与其用途进行配对。

OneNote		播放音乐
Winamp		数字笔记本
Open WorkBench		项目管理
Sony vegas		媒体编辑

三、操作系统基础

1. Windows 10 会自动辨识硬件设备并安装相关驱动程序，方便该硬件设备能立即使用。（　　）

　　A. 正确　　　　　　　　　　　　　B. 错误

2. Windows 10 适用于智能型手机等小型装置。（　　）

　　A. 正确　　　　　　　　　　　　　B. 错误

3. Linux 是专为"苹果计算机"设计的操作系统。（　　）

　　A. 正确　　　　　　　　　　　　　B. 错误

4. 在 Windows 10 中，打开应用软件的数据文件时，操作系统通常会为原始文件制作一个副本，并以临时文件的形式储存在磁盘上；在关闭文件时，临时文件也会被清除。（　　）

　　A. 正确　　　　　　　　　　　　　B. 错误

5. 智能型家电或数码相机通常使用嵌入式操作系统。（　　）

　　A. 正确　　　　　　　　　　　　　B. 错误

6. 在 Windows 10 中，文件名中不可以包含空格。（　　）

　　A. 正确　　　　　　　　　　　　　B. 错误

7. 下列操作系统中，属于移动操作系统的是（　　）。

　　A. Linux　　　　　　B. UNIX　　　　　　C. Android　　　　　　D. Windows 10

8. 以下关于操作系统的叙述中，错误的是（　　）。

　　A. UNIX 属于多用户操作系统　　　　　　B. Linux 是代码开源的操作系统

　　C. Windows Server 属于网络操作系统　　　D. Mac OS 属于单任务系统

9. 在 Windows 10 操作系统中，文件的组织结构是（　　）。

　　A. 网状结构　　　　　B. 线性结构　　　　　C. 环状结构　　　　　D. 树状结构

10. 以下关于计算机操作系统的叙述中，错误的是（　　）。

　　A. iMac 笔记本电脑中的 Mac OS X 10.3 操作系统属于多任务操作系统

　　B. Linux 属于多人多任务操作系统

　　C. 大多数智能型手机的操作系统都使用 Windows 10

　　D. Windows Server 及 Netware 均属于网络操作系统

11. 若计算机在使用中需经常复制及删除文件，应定期执行的程序是（　　）。

　　A. 碎片整理工具　　　　　　　　　　B. 磁盘扫描工具

　　C. 病毒扫描程序　　　　　　　　　　D. 磁盘压缩程序

12. 下列不是操作系统的是（　　）。

A. Linux   B. iOS   C. WinRAR   D. Ubuntu

13. 在 Windows 操作系统中，一般软件安装程序都使用的名称是（   ）。

A. setup 或 install   B. uninstall   C. system   D. xcopy

14. 要删除在 Windows 操作系统中的软件包已经安装的软件，最适当的方法是（   ）。

A. 直接删除该软件包所在的文件夹

B. 利用控制面板的"程序和功能"或该软件包的卸载程序

C. 删除桌面上的快捷方式即可

D. 删除程序集中的选项即可

15. 在 Windows 系统中，若在窗口的标题栏上双击鼠标，可完成的操作有（   ）。

A. 将窗口最小化   B. 移动窗口位置

C. 关闭窗口   D. 将窗口最大化或还原成原来大小

第二部分
Windows 10 操作系统

🔁 描述

　　在安装 Windows 10 操作系统之前，必须要对它有一定的了解，要熟悉操作系统的功能、特色及计算机硬件配置的基本要求，能检验 Windows 10 操作系统是否符合用户的需要及用户的计算机是否安装 Windows 10 操作系统。

🔁 分析

　　目前计算机的应用已经深入工作、学习和生活等多个方面，操作系统是每一台计算机所必需的软件。计算机只有先安装了操作系统，才能变成人们的助手，更好地协助人们学习、生活和工作。因此，要学会安装操作系统，以方便使用计算机。

🔁 相关知识和技能

　　初识 Windows 10 操作系统，Windows 10 操作系统工作环境设置，文件和文件夹的操作，磁盘管理，软件的安装、卸载和使用，用户和用户组管理。

项目 1

初识 Windows 10 操作系统

基本信息	姓名		学号		班级		总评成绩	
	规定时间	30 min	完成时间		考核日期			
任务工单	序号	步骤	完成情况			标准分	评分	
			完成	基本完成	未完成			
	1	启动 Windows 10				20		
	2	第一次进入 Windows 10 的基本设置				40		
	3	退出 Windows 10 操作系统				20		
	4	获取"帮助"信息				10		
操作规范性						5		
安全						5		

✅ **项目目标**

①启动 Windows 10 操作系统。
②设置区域、键盘布局和网络。
③退出 Windows 10 操作系统。

✅ **项目分析**

①掌握 Windows 10 的启动和退出方法。
②熟悉 Windows 10 桌面的设置。
③获取"帮助"信息的方法。

✅ **项目准备**

了解 Windows 10 的安装过程。

✅ 项目实施

2.1.1 启动 Windows 10

接通计算机电源，轻按机箱上的电源按钮，机器自动进行硬件自检，引导操作系统的整个过程。

2.1.2 第一次进入 Windows 10 的基本设置

首次启动 Windows 10 时，需要从区域设置开始，将区域设置为"中国"，选择"是"，如图 2-1 所示。

接着进入"键盘布局"，根据平常使用的输入法来选择拼音或五笔，再次单击"是"，如图 2-2 所示。

图 2-1　区域设置

图 2-2　键盘布局

如果还有其他键盘布局方式，可以单击"添加布局"按钮，如果没有，可以跳过，如图 2-3 所示。

选择网络的连接，可以选择网线或者无线连接，也可以选择现在跳过，不连接网络，如图 2-4 所示。

如果连接网络，会完成系统的更新，使 Office 等应用在登录桌面时准备好启动，可以节约以后的时间，如图 2-5 所示。

图 2-3　添加键盘布局

图 2-4　连接网络

当以上这些设置完之后，就可以进入电脑桌面里了，如图 2 - 6 所示。

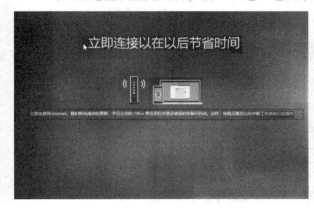

图 2 - 5 连接更新   图 2 - 6 电脑桌面

2.1.3 退出 Windows 10 操作系统

Windows 10 是多用户多任务的操作系统，前台运行某一程序，后台也可以同时运行几个其他程序。在这种情况下，如果因为前台程序已经完成而关掉电源，后台程序的数据和运行结果就会丢失。此外，程序运行时，可能需要占用大量磁盘空间来保存临时数据，这些临时性数据文件会在系统正常退出时自动删除，如果非正常退出，就会造成磁盘空间的浪费。因此，在完成计算机的操作时，必须正常退出系统。

1. 正常关闭

方法一：在 Windows 10 系统运行后，单击"开始"菜单左侧的"关机"按钮，在打开的列表里可以选择"睡眠""关机""重启"等，如图 2 - 7 所示。

方法二：右击"开始"菜单，展开"关机或注销"菜单，在打开的列表里可以选择"注销""睡眠""关机""重启"等，如图 2 - 8 所示，这里选择"关机"。

图 2 - 7 "关机"按钮   图 2 - 8 "关机或注销"菜单

方法三：在桌面按下 Alt + F4 组合键，在弹出的对话框中选择"关机"选项，如图 2 – 9 所示。

图 2 – 9　Alt + F4 组合键关机

2. 在 Windows 10 系统运行故障时关闭

关闭系统之前，如果因为某些程序出错或出现其他故障导致系统无响应，通常采用以下方法排除故障。

方法一：按 Ctrl + Alt + Del 组合键，选择"启动任务管理器"，打开如图 2 – 10 所示的对话框。选择出现故障的任务，并单击"结束任务"按钮，关闭所选程序。

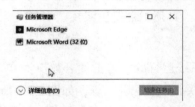

图 2 – 10　任务管理器

微课 2 – 1
任务管理器

方法二：按 Reset 键重新启动计算机，启动后排除故障，然后关闭计算机。

方法三：右击"开始"菜单，单击"关机或注销"菜单中右侧的箭头，在打开的列表里选择"注销"，即向系统发出清除当前登录的用户的请求，清空当前用户的缓存空间和注册信息。清除后，即可重新使用任何一个用户身份重新登录系统。

2.1.4　获取"帮助"信息

如有疑难问题，可以使用"开始"菜单中的"获取帮助"。
打开提供有关"使用 Windows Defender"详情的 Windows 帮助文件。

微课 2 – 2
获取"帮助"信息

方法一：打开"开始"菜单，单击"获取帮助"，如图 2 – 11 所示。弹出"获取帮助"对话框，如图 2 – 12 所示。

方法二：在文本框中输入"Windows Defender"，单击"搜索"按钮，如图 2 – 13 所示。单击找到的"使用 Windows Defender"条目，打开帮助文件详情，如图 2 – 14 所示。

图 2 – 11　选择"获取帮助"

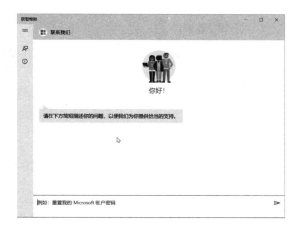

图 2 – 12　"获取帮助"对话框

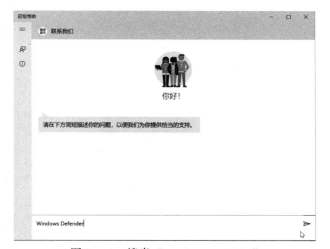

图 2 – 13　搜索"Windows Defender"

图 2 – 14　"Windows Defender"的帮助文件

项目总结

通过本项目的学习，使学习者掌握如何启动和退出 Windows 10 操作系统，如何设置区域、键盘布局和网络。

项目 2

Windows 10 操作系统工作环境设置

基本信息	姓名		学号		班级		总评成绩	
	规定时间	30 min	完成时间		考核日期			

	序号	步骤	完成情况			标准分	评分
			完成	基本完成	未完成		
任务工单	1	个性化桌面及桌面图标、属性的设置				5	
	2	设置"开始"菜单				5	
	3	设置任务栏				10	
	4	使用任务管理器结束进程				10	
	5	设置桌面图标				10	
	6	设置鼠标				10	
	7	设置键盘				10	
	8	设置区域、语言和语音选项				10	
	9	设置日期和时间				5	
	10	显示系统信息				5	
	11	开启"Windows 体验指数"				5	
	12	系统更新设置				5	
操作规范性						5	
安全						5	

✓ 项目目标

本项目将完成 Windows 10 操作系统的相关设置。在这个过程中，期望读者在操作技能方面能够熟练掌握以下几点：

①个性化桌面及桌面图标、属性的设置。

②任务栏、"开始"菜单的设置，区域、语言、语音选项的设置，时间和日期的更新。

③桌面显示图标的设置。

④鼠标和键盘的设置。

✓ 项目分析

桌面是打开计算机并登录 Windows 后看到的主屏幕区域，也是用户工作的主要平台。其主要由图标、任务栏等组成。图标是桌面上或文件中用来表示 Windows 各种程序或项目的小图形，将鼠标指针指向某个图标时，屏幕上会出现该图标的提示信息。双击某个图标，可以直接打开其所代表的项目。任务栏一般在桌面的下方，主要包括"开始"按钮、常用程序图标、正在运行的程序图标、通知区域等。

✓ 项目实施

2.2.1 个性化桌面及桌面图标、属性的设置

微课 2 – 3
个性化桌面

在 Windows 10 操作系统中，用户可以进行个性化设置，如将自己喜欢的图片或照片设置为计算机的桌面或屏幕保护等。

在默认的状态下，安装 Windows 10 之后，桌面上只有一个"回收站"图标，若要将其他常用的程序图标也显示在桌面上，操作步骤如下：

①在 Windows 10 桌面上单击鼠标右键，从弹出的快捷菜单中选择"个性化"命令，如图 2 – 15 所示，弹出"个性化"窗口。

②在"主题"展示区中选择一个自己喜欢的主题，比如"Windows 10"主题，如图 2 – 16 所示。单击任务栏右侧的"显示桌面"按钮，可以看到桌面背景图片变成了以 Windows 10 为主题的图片，如图 2 – 17 所示。

图 2 – 15　个性化设置窗口

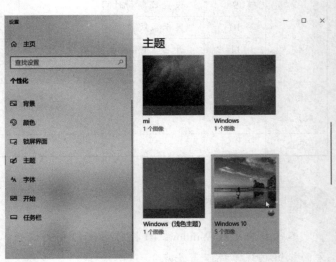

图 2 – 16　主题设置

图2-17　以Windows 10为主题的桌面

③选择"个性化"窗口的"背景"选项，在右侧"背景"下拉列表中选择"图片"，在Windows 10操作系统中，可以单击某个图片使其成为桌面背景，也可以选择"幻灯片放映"，如图2-18所示。在中间的展示区可以看到以Windows 10为主题的图片有5张。

图2-18　选择"桌面背景"选项

④选择"个性化"窗口左侧的"颜色"选项，如图2-19所示，在右侧"颜色"设置区域选择"紫影色"，在"在以下区域显示主题色"下面勾选标题栏和窗口边框选项，效果如图2-20所示。

⑤选择"个性化"窗口左侧的"锁屏界面"选项，可以在右侧选择"Windows聚焦""图片""幻灯片放映"选项设置锁屏界面，如图2-21所示。如果选择图片作为锁屏界面，那么可以选择系统带的图片，或者单击"浏览"按钮，选择其他图片。

信息技术案例与实训（上）

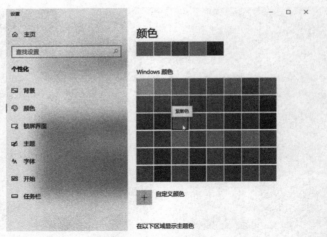

图 2 - 19　设置颜色

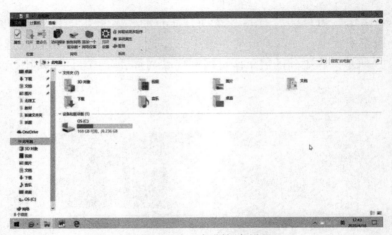

图 2 - 20　窗口标题颜色设置

图 2 - 21　锁屏界面设置

屏幕保护程序的作用是，当用户在短时间内暂不使用计算机时，屏蔽计算机的桌面，以防用户的资料被他人看到。用户需要重新使用计算机时，只需移动鼠标或者按键盘上的任意键便可恢复桌面显示（如果用户设置了屏幕保护程序的密码，则需输入密码后才能取消屏幕保护）。

⑥单击"个性化"窗口左侧的"主题"选项，在右侧可以对桌面图标进行设置，如图2－22所示。选择"此电脑"图标，单击"更改图标（H）"按钮，弹出"更改图标"对话框，选择第1行第9列的图标，单击"确定"按钮，如图2－23所示。回到"桌面图标设置"对话框，再单击"确定"按钮，切换到桌面，"此电脑"图标发生了变化，如图2－24所示。

图2－22　"桌面图标设置"对话框

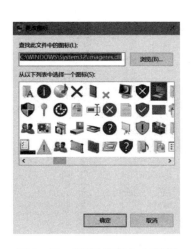

图2－23　"更改图标"对话框

图2－24　更改后的"此电脑"图标

⑦单击"开始"按钮，在"设置"窗口中选择"设备"，在设备组中选择"鼠标"选项，并在右侧设置区域内，单击"相关设置"下方的"其他鼠标选项"，打开"鼠标属性"

对话框，单击"方案（S）"下方的下拉列表，选择"Windows 默认（系统方案）"，单击"确定"按钮，如图 2 – 25 所示。

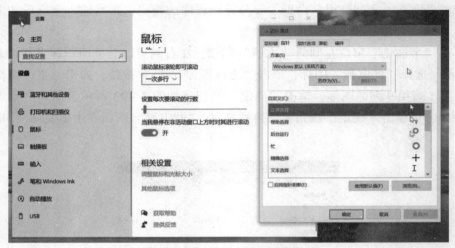

图 2 – 25　设置鼠标指针

⑧单击"开始"按钮，在"设置"窗口中选择"账户"，在账户组中选择"账户信息"选项，并在右侧设置区域内，单击"创建头像"下方的"从现有图片中选择"操作，打开"打开"对话框，选择要设置的图片，并单击"选择图片"。单击"开始"菜单，观察更改后的账户图片，如图 2 – 26 所示。

⑨单击"开始"按钮，在"设置"窗口中选择"系统"，在"系统"组中选择"显示"选项，在右侧设置区域可以调整分辨率等，如图 2 – 27 所示。在"显示分辨率"的下拉列表中可以选择屏幕分辨率，如图 2 – 28 所示，并可以预览到相应的效果。单击"显示方向"的下拉箭头，可以选择屏幕方向。

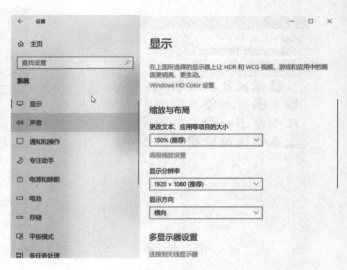

图 2 – 26　更改账户图片　　　　　　　　图 2 – 27　"显示"设置

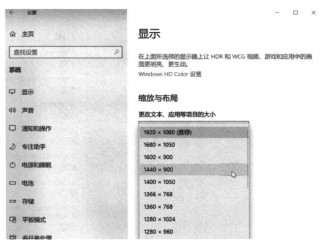

图 2 - 28　设置分辨率

　　如果需要对显示器进行特殊设置，可以单击"高级显示设置"按钮，选择"显示器 1 显示适配器属性"按钮，弹出如图 2 - 29 所示的对话框，其中显示了适配器类型和相关信息。

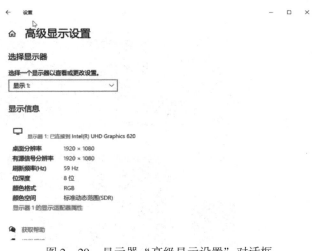

图 2 - 29　显示器"高级显示设置"对话框

2.2.2　设置"开始"菜单

微课 2 - 4
设置"开始"菜单

　　用户可以在"开始"菜单中启动计算机程序、访问文件夹和设置计算机的起始位置，单击位于桌面底部任务栏最左侧的"开始"按钮▉，打开"开始"菜单，由此开始 Windows 10 的操作和使用。

　　"开始"菜单的设置方法如下。

　　①单击"开始"按钮，选择"设置"选项，如图 2 - 30 所示，在设置组中选择"个性化"，在"个性化"组中选择"开始"选项，可以在右侧设置区域对"开始"菜单进行设置，如图 2 - 31 所示。

图2-30　"开始"菜单　　　　　　　　图2-31　设置"开始"菜单

● 在"开始"菜单上显示更多磁贴，如图2-32和图2-33所示。打开设置显示更多磁贴的开关，再打开"开始"菜单，发现"开始"菜单右侧磁贴区域中，每一组的范围被扩大了，就可以向多出的空间增加磁贴应用了。

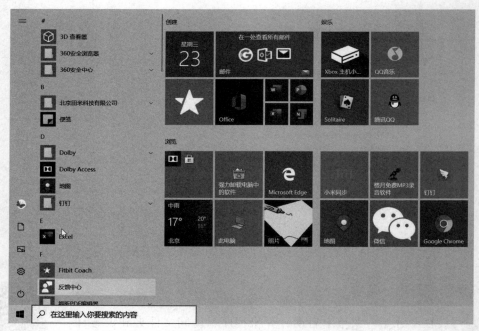

图2-32　设置更多磁贴之前

● 显示应用列表，如图2-34所示。

● 显示最近添加的应用，如图2-35所示。

● 使用全屏"开始"屏幕，如图2-36所示。

● 打开"在'开始'菜单或任务栏跳转列表中以及文件资源管理器的'快速使用'中显示最新打开的项"，选择要显示在"开始"菜单上的文件夹，如图2-37所示。

②调整"开始"菜单的排版。打开"开始"菜单之后，将鼠标移动到"开始"菜单的边缘，单击鼠标左键不放并拖动，可将分组的砖块并列显示。可拖动上边缘和右边缘来改变菜单大小，如图2-38所示。单击分组的标题栏不动，移动鼠标并拖动，可以移动分组的位置。

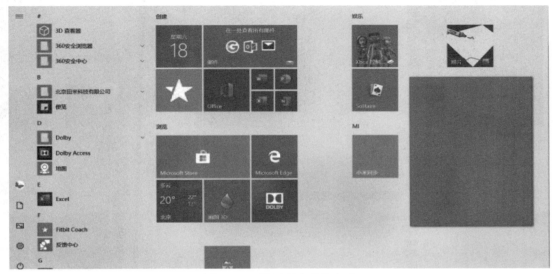

图2-33　设置更多磁贴之后

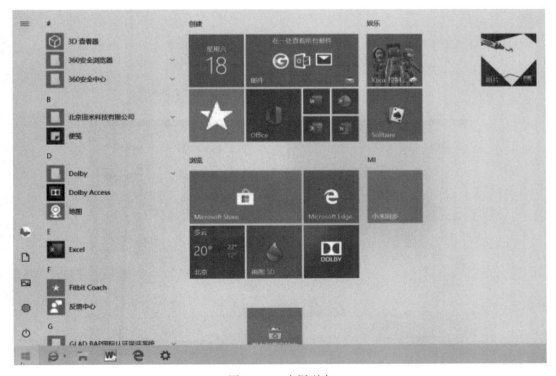

图2-34　应用列表

图 2 - 35 　最近添加的应用

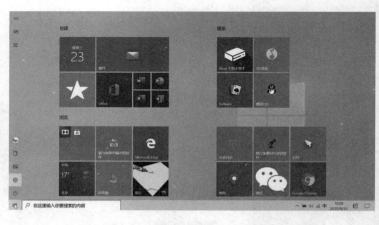

图 2 - 36 　使用全屏"开始"屏幕

图 2 - 37 　选择要显示在"开始"菜单上的文件夹

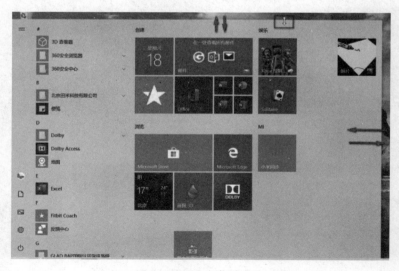

图 2 - 38 　改变菜单大小

③删除和增加"开始"屏幕程序。

●将鼠标移动到"开始"屏幕程序上后，选择一个程序图标并右击，选择"从'开始'屏幕取消固定"，这个程序的快捷方式就在界面上消失了，但程序还是安装在电脑中的，如图2-39所示。

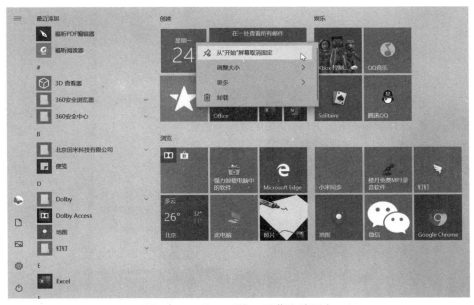

图2-39　从"开始"屏幕取消固定

●在桌面上找到常用的程序后右击，单击"固定到'开始'屏幕"，如图2-40所示。

④"开始"菜单快速定位。打开"开始"菜单，单击"#"，如图2-41所示，进入分类页面，在分类页面中单击首字母"J"，如图2-42所示，查找计算器应用，如图2-43所示。

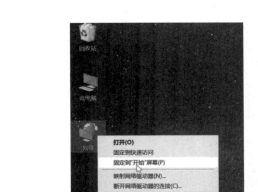

图2-40　固定到"开始"屏幕

图2-41　进入分类页面

⑤Windows 10 账户注销。在"开始"菜单中单击用户头像，在弹出的选项中单击"注销"选项，如图 2-44 所示。还可以在其中设置账户的锁定。

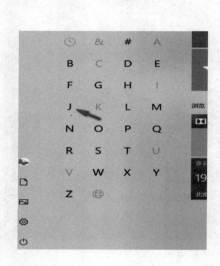

图 2-42　单击首字母"J"

图 2-43　快速找到应用

图 2-44　账户注销

⑥在"开始"菜单中单击"设置"→"账户"选项（图 2-45），单击"登录选项"，可以更改密码（图 2-46）。

图2-45　单击"账户"　　　　　　　　　　图2-46　更改密码

2.2.3　设置任务栏

微课2-5
设置任务栏

通过任务栏可以启动应用程序、切换窗口、切换输入法和查看系统的时间信息等。如果要切换正在运行的应用程序窗口，只要单击代表该窗口的按钮即可。也可以从任务栏关闭窗口。具体设置步骤如下：

1. 锁定任务栏

右击任务栏的空白区域，在弹出的图2-47所示的快捷菜单中，选择"锁定任务栏"命令。锁定任务栏后，任务栏就不可以改变和移动了。

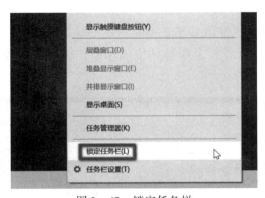

图2-47　锁定任务栏

2. 移动任务栏

右击任务栏的空白区域，通过快捷菜单查看当前是否为"锁定任务栏"状态，如果是锁定状态，需要解除锁定。将鼠标光标指向任务栏的空白区域，按住鼠标左键拖动，把任务栏移动到想放置的地方时释放鼠标左键即可。可以把任务栏移动到屏幕的左侧、右侧和顶部。

3. 更改任务栏的大小

将鼠标光标指向任务栏的边缘，当鼠标的指针变为双向箭头时，上下、左右拖动任务栏的边缘，可改变任务栏的大小。

4. 隐藏任务栏

打开"开始"菜单，单击"设置"选项，选择"个性化"设置，设置任务栏"在桌面模式下自动隐藏任务栏"，如图2-48所示。设置完成后，任务栏在屏幕窗口中不可见，当把鼠标移至任务栏所在的位置时，任务栏则出现在屏幕窗口中，移开鼠标，任务栏隐藏。同理，可设置平板模式下自动隐藏任务栏。

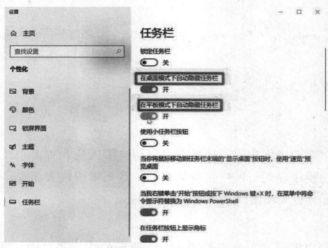

图2-48　隐藏任务栏

5. 新建工具栏

右击任务栏的空白区域，弹出如图2-49所示的快捷菜单，在"工具栏"子菜单中选择"新建工具栏"，即可在任务栏上添加相应的工具，如新建"抓图"文件夹工具栏，如图2-50所示。

图2-49　新建工具栏

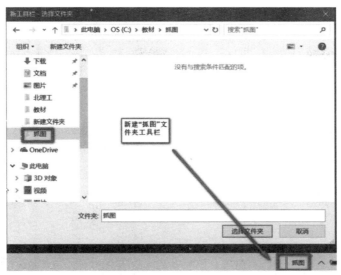

图 2 – 50 新建"抓图"文件夹工具栏

2.2.4 使用任务管理器结束进程

如果计算机仍在后台运行一个 Google Chrome 程序，想要结束此进程，就要启用任务管理器来完成。操作步骤如下：

右击任务栏的空白区域，弹出快捷菜单，或者按 Ctrl + Alt + Del 组合键，选择"启动任务管理器"命令，打开"任务管理器"对话框，如图 2 – 51 所示，单击"详细信息"，选择"进程"选项卡，选中"Google Chrome"，单击"结束任务"按钮，如图 2 –52 所示。

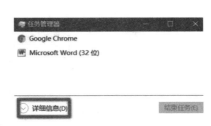

图 2 – 51 任务管理器

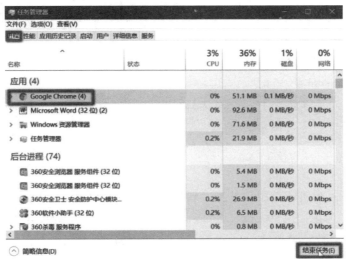

图 2 –52 结束进程

2.2.5　设置桌面图标

桌面图标可分为系统图标、快捷方式图标和文件图标三种，对桌面上图标的操作主要有以下几种：

1. 排列图标

在桌面空白处右击，在弹出的快捷菜单中选择"排列方式"命令，在弹出的下级子菜单中选择一种排列方式，如图 2-53 所示。也可以选中图标对象，单击并拖动到桌面上的任意地方。

2. 设置图标查看方式

在桌面空白处右击，在弹出的快捷菜单中选择"查看"命令，在弹出的下级子菜单中选择需要的排列方式，如图 2-54 所示。

图 2-53　排列图标

图 2-54　查看

3. 添加快捷方式

在桌面空白处右击，弹出快捷菜单，如图 2-55 所示。选择"新建"→"快捷方式"，在弹出的"创建快捷方式"窗口中选择"文件或文件夹"，在目录下单击"抓图工具"→"FSCapture"，如图 2-56 所示。单击"确定"→"下一步"按钮，输入快捷方式的名称，单击"完成"按钮，桌面图标如图 2-57 所示。

4. 删除桌面上的对象

右击桌面上的"FSCapture"图标，在弹出的快捷菜单中选择"删除"命令，如图 2-58 所示。

2.2.6　设置鼠标

方法一：单击"开始"菜单，选择"设置"，打开"Windows 设置"对话框，单击"设备"，如图 2-59 所示。可以设置主按钮、滚动鼠标滚轮即可滚动、每次要滚动的行数、悬停在非活动窗口上方时对其进行滚动，还可以调整鼠标和光标大小。

图 2-55　新建快捷方式

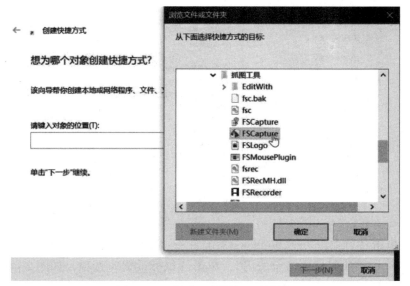

图 2-56　新建"抓图"工具图标

图 2 – 57　"FSCapture"图标

图 2 – 58　删除图标

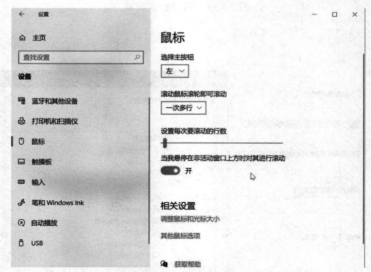

图 2 – 59　设置鼠标

方法二：单击"开始"→"Windows 系统"→"控制面板"→"轻松使用"→"轻松使用设置中心"→"使鼠标更易于使用"，单击"鼠标设置"选项，如图 2 – 60 所示，打开"鼠标 属性"设置对话框，如图 2 – 61 所示。

1. "鼠标键"选项卡（图 2 – 61）

①在"鼠标键配置"选项组中，系统默认左边的键为主要键，若选中"切换主要和次要的按钮"复选框，则设置右边的键为主要键。

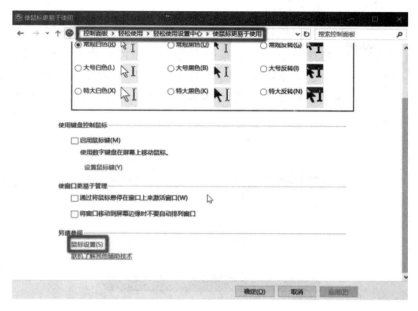

图 2-60 单击"鼠标设置"

图 2-61 鼠标键

②在"双击速度"选项组中拖动滑块,可调整鼠标的双击速度,双击旁边的文件夹可检验设置的速度。

③在"单击锁定"选项组中,若选中"启用单击锁定",则不用一直按着鼠标键就可以实现突出显示或拖曳。单击"设置"按钮,在弹出的"单击锁定的设置"对话框中可调整单击锁定需要按鼠标键或轨迹球按钮的时间。

2. "指针"选项卡（图2-62）

①在"方案"下拉列表中可以选择鼠标指针方案。

②在"自定义"列表框中显示了该方案中鼠标指针在各种状态下显示的样式。若用户对某种样式不满意，可选中它，单击"浏览"按钮，打开"浏览"对话框，在里面选择一种鼠标指针样式，在"预览"框中可以看到具体的样式，单击"打开"按钮，即可应用到所选鼠标指针方案中。

③如果希望鼠标指针带阴影，可选中"启用指针阴影"复选框。

图2-62　指针

3. "指针选项"选项卡（图2-63）

1）在"移动"选项组中，拖动滑块可调整指针的移动速度。勾选"提高指针精确度"复选框，可以提高指针精确度。

2）在"贴靠"选项组中，勾选"自动将指针移动到对话框中的默认按钮"复选框，则指针会自动放在对话框中的默认按钮上。

3）在"可见性"选项组中，若勾选"显示指针轨迹"复选框，则在移动鼠标指针时，会显示指针的移动轨迹，拖动滑块可调整轨迹的长短。

①若勾选"在打字时隐藏指针"复选框，则在输入文字时将隐藏指针。

②若勾选"当按Ctrl键时显示指针的位置"复选框，则按Ctrl键时，会以同心圆的方式显示指针的位置。

4. "滑轮"选项卡

在该选项卡中可以对鼠标滑轮进行设置，如图2-64所示。分别显示垂直、水平滚动的行数。

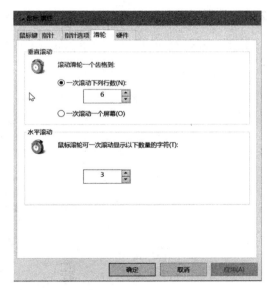

图2-63　指针选项　　　　　　　　　　图2-64　滑轮

5. "硬件"选项卡

该选项卡显示了设备的名称、类型及属性，如图2-65所示。单击"属性"按钮，打开如图2-66所示的对话框。在该对话框中，显示了当前鼠标的常规、驱动程序和详细信息等内容。

图2-65　硬件　　　　　　　　　　图2-66　"属性"对话框

2.2.7 设置键盘

方法一：打开"开始"菜单，单击"设置"选项，在"Windows 设置"中选择"设备"，选择"输入"选项，打开"输入"对话框，对键盘进行设置，如图 2-67 所示。

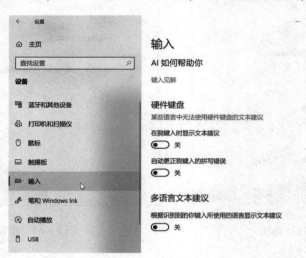

微课 2-8
设置键盘

图 2-67 输入设置

方法二：打开"开始"菜单，在"所有程序"中选择"Windows 系统"，单击"控制面板"→"轻松使用"→"轻松使用设置中心"→"使键盘更易于使用"，选择"键盘设置"，打开"键盘 属性"对话框，该对话框中有"速度"和"硬件"两个选项卡，如图 2-68 和图 2-69 所示。

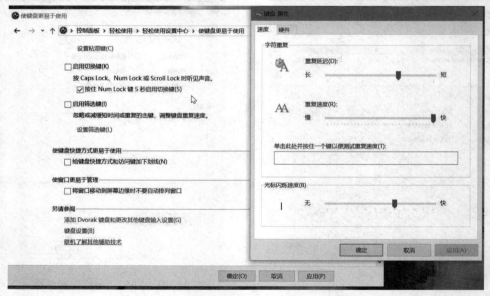

图 2-68 键盘设置

图 2 - 69 "硬件"对话框

1. "速度"选项卡（图 2 - 68）

拖动"字符重复"中的"重复延迟"滑块，可调整在键盘上按住一个键需要多长时间才开始重复输入该键；拖动"重复速度"滑块，可调整输入重复字符的速率；在"光标闪烁速度"中拖动滑块，可调整光标的闪烁速度。

2. "硬件"选项卡（图 2 - 69）

显示了所用键盘的硬件信息，如设备的名称、类型、制造商、位置及状态等。单击"属性"按钮，可打开"标准键盘 属性"对话框，如图 2 - 70 所示。在该对话框中，显示了当前标准键盘属性的常规、驱动程序和详细信息等内容。

图 2 - 70 "标准键盘 属性"对话框

2.2.8　设置区域、语言和语音选项

微课 2－9
设置区域和语言
选项和设置日期和时间

1. 设置区域

方法一：打开"开始"菜单，单击"设置"，在"Windows 设置"中单击"时间和语言"，可以对区域进行设置。

方法二：打开"开始"菜单，在"所有程序"中选择"Windows 系统"，单击"控制面板"→"时钟和区域"，在弹出的窗口中单击"更改日期、时间或数字格式"选项，弹出"区域"对话框，如图 2－71 所示。

图 2－71　"区域"对话框

（1）"格式"选项卡

在"格式"下拉列表中可以选择不同的国家或地区，所选项会影响到某些程序如何格式化数字、货币、时间和日期。在下拉列表中选择"中文（简体，中国）"，如图 2－72 所示。选择不同的语言，"日期和时间格式"与"示例"栏中的内容都会发生变化。

如果不喜欢系统提供的格式，可以自定义。如图 2－73 所示，单击"其他设置"按钮，弹出"自定义格式"对话框。该对话框中有"数字""货币""时间""日期"和"排序"选项卡，每个选项卡可以设置相应内容的格式。

（2）"管理"选项卡

①查看当前设置并将其复制到欢迎屏幕、系统账户和新的用户账户，如图 2－74 所示。

②更改系统区域设置，控制在不支持 Unicode 的程序中显示文本时所使用的语言，如图 2－75 所示。

图 2 - 72　格式

图 2 - 73　其他设置

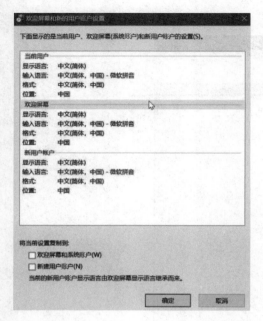

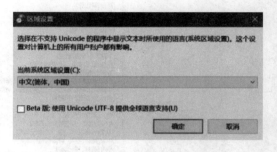

图 2-74　复制设置　　　　　　　　图 2-75　更改系统区域设置

2. 设置语言和语音

单击"语言"，可以对语言等信息进行修改，如图 2-76 所示。

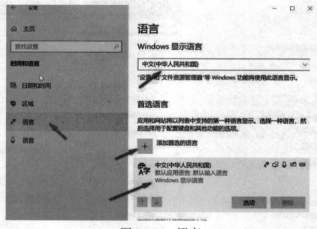

图 2-76　语言

单击"语音"，可以修改语音速度、语音支持的语言等，如图 2-77 所示。设置后，对其进行一些测试，查看设置是否生效。

2.2.9　设置日期和时间

方法一：打开"开始"菜单，单击"设置"，在"Windows 设置"中单击"时间和语言"→"日期和时间"选项，可对日期和时间进行设置。

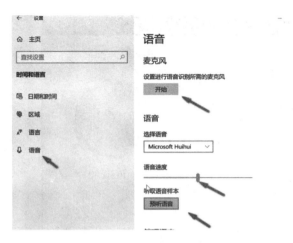

图2-77 语音

方法二：打开"开始"菜单，在"所有程序"中选择"Windows 系统"，单击"控制面板"→"时钟和区域"，在弹出的窗口中单击"日期和时间"选项，弹出"日期和时间"对话框，该对话框中有"日期和时间""附加时钟""Internet 时间"选项卡，如图2-78所示。

图2-78 "日期和时间"对话框

①选择"日期和时间"选项卡，单击"更改日期和时间"按钮，打开"日期和时间设置"对话框，如图2-79所示。日期用鼠标单击选择的方式进行设置。右边的时钟下面是一个时间的微调控件，在文本框中双击时、分或秒，这时数字将被突出显示为蓝色，可以通过键盘输入时间数字，也可以通过单击右侧上下箭头进行微调。

图 2 – 79 "日期和时间设置"对话框

②单击"更改时区"按钮，打开"时区设置"对话框，通过"时区"的下拉列表可以调整时区，如图 2 – 80 所示。

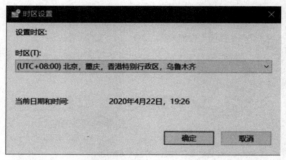

图 2 – 80 时区设置

③选择"附加时钟"选项卡，设置附加时钟可以显示其他时区的时间，如图 2 – 81 所示。可以通过单击任务栏上的时钟或悬停在其上来查看这些附加时钟。

④选择"Internet 时间"选项卡，如图 2 – 82 所示，在该选项卡中可以设置是否自动与 Internet 时间服务器同步。单击"更改设置"按钮，打开"Internet 时间设置"对话框，勾选"与 Internet 时间服务器同步"复选框，单击"确定"按钮。

2.2.10 显示系统信息

单击"开始"菜单，在"所有程序"中选择"Windows 系统"，在"控制面板"中，如果查看方式是"类别"，则单击"系统和安全"选项，进入新窗口，单击"系统"选项，进入"系统"窗口，可以看到运行 Windows 版本、安装的服务包及处理器速度等信息，如图 2 – 83 所示。

图 2 – 81 附加时钟

图 2 – 82 Internet 时间

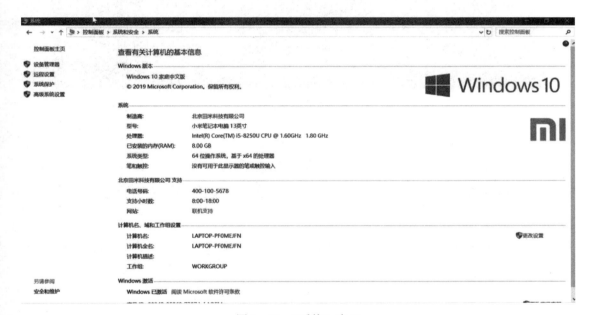

图 2 – 83 "系统"窗口

2.2.11 开启"Windows 体验指数"

单击"开始"菜单，选择"Windows 系统"，在"命令提示符"上右击，如图 2 – 84 所示。在"更多"选项中，单击"以管理员身份运行"，如图 2 – 85 所示。在命令行窗口输入"winsat formal"，按下 Enter 键，如图 2 – 86 所示。

微课 2 – 10
Windows 体验指数

图 2 - 84　命令提示符

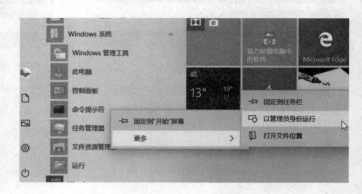

图 2 - 85　以管理员身份运行

图 2 - 86　输入命令

2.2.12　系统更新设置

Windows 10 操作系统更新的步骤如下：

①单击"开始"按钮，选择"设置"，单击"更新和安全"选项，如图 2 - 87 所示。

图 2 - 87　更新和安全

②进入"更新和安全"窗口，选择"Windows 更新"选项，如图 2－88 所示。单击"检查更新"按钮，完成更新。

图 2－88　检查更新

✓ 项目总结

通过本项目的操作，使读者掌握如何设置"开始"菜单、任务栏、桌面图标、鼠标、键盘、日期和时间等。

项目 3

文件和文件夹的操作

基本信息	姓名		学号		班级		总评成绩	
	规定时间	30 min	完成时间		考核日期		总评成绩	
任务工单	序号	步骤	完成情况			标准分	评分	
			完成	基本完成	未完成			
	1	启动文件资源管理器				5		
	2	浏览文件和文件夹				5		
	3	创建新的文件和文件夹				5		
	4	选定文件和文件夹				5		
	5	重命名文件和文件夹				5		
	6	删除文件和文件夹				5		
	7	复制与移动文件和文件夹				5		
	8	设置文件和文件夹查看方式				5		
	9	设置文件和文件夹排序方式				5		
	10	查看与设置文件和文件夹属性				10		
	11	搜索文件和文件夹				10		
	12	使用"回收站"				5		
	13	创建快捷方式				10		
	14	文件与文件夹的压缩操作				10		
操作规范性						5		
安全						5		

项目目标

　　计算机中的资源是以文件和文件夹的形式保存的，在管理计算机资源的过程中，需要随时查看文件或文件夹，本项目将从以下几方面介绍文件和文件夹的使用方法：

①启动文件资源管理器。

②文件夹的浏览、创建、重命名和删除。

③文件的属性设置。

④搜索文件和文件夹。

⑤"回收站"的使用。

⑥创建快捷方式。

项目分析

Windows 10 是微软新一代主打的操作系统，在文件管理方面做了诸多改进。掌握管理计算机中的文件和文件夹的方法，对后面的学习会有帮助。

项目实施

微课 2－11
文件资源管理器

2.3.1　启动文件资源管理器

在 Windows 10 的使用过程中，经常要对文件和文件夹进行各种管理操作，例如改变文件和文件夹的显示方式，创建和重命名文件，查看文件和文件夹属性，复制、移动和删除文件，创建快捷方式等。用户可以在 Windows 10 的文件资源管理器中进行以上操作。可使用以下几种方法来启动文件资源管理器。

方法一：单击"开始"菜单，选择"Windows 系统"选项，在展开的"Windows 系统"菜单中，单击"文件资源管理器"选项，如图 2－89 所示。

图 2－89　Windows 系统

方法二：在任务栏中右击，打开快捷菜单，鼠标悬浮到"搜索"选项，选择"显示搜索框"，如图 2－90 所示。在如图 2－91 所示的输入框中输入"资源管理器"，单击"搜索"按钮，打开"文件资源管理器"，如图 2－92 所示。

图2-90 显示搜索框   图2-91 搜索框

方法三：右击"开始"菜单，如图2-93所示，在弹出的菜单选项中找到"文件资源管理器"，打开"文件资源管理器"窗口，如图2-94所示。

图2-92 文件资源管理   图2-93 右击"开始"菜单

方法四：双击桌面上的"此电脑"图标，打开"文件资源管理器"窗口。

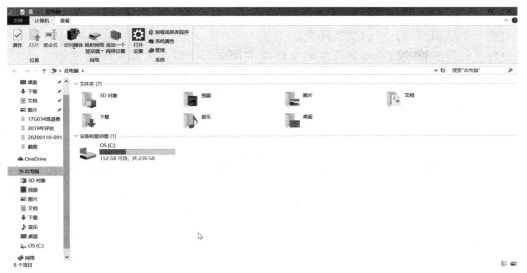

图2-94 "文件资源管理器"窗口

2.3.2 浏览文件和文件夹

微课2-12
浏览文件和文件夹

打开"C:\ICT"路径下的文件和文件夹，并浏览子文件夹"讲义"。操作方法如下：

①右击"开始"按钮，启动Windows的文件资源管理器。

②在窗口左侧的导航窗格中，依次双击对应的文件夹，展开"此电脑"→"OS（C:）"→"ICT"→"讲义"文件夹，右侧窗口中显示该文件夹中的所有文件和文件夹，如图2-95所示。也可以通过单击文件夹前面的三角按钮进行操作。

图2-95 打开文件夹

在文件资源管理器中，如果一个文件夹包含下一层子文件夹，则在导航窗格中该文件夹的左边有一个三角按钮，可折叠文件夹。

设置文件资源管理器自动展开左侧文件夹的操作为：打开文件资源管理器，单击"查看"→"选项"→"更改文件夹和搜索选项"，打开"文件夹选项"对话框，选择"查看"选项卡，勾选"展开到打开的文件夹"，如图 2-96 所示。

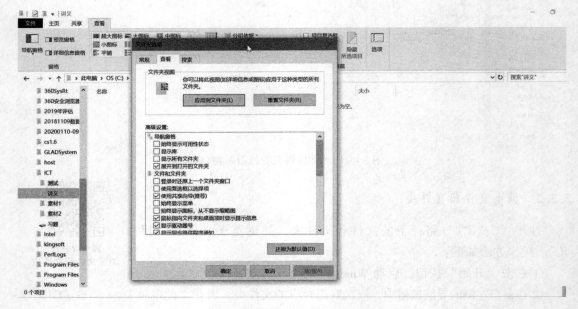

图 2-96　展开到打开的文件夹

2.3.3　创建新的文件和文件夹

微课 2-13
创建新的文件
和文件夹

在"C:\ICT"文件夹下创建子文件夹"测试"和子文件"新文件"，操作方法如下：

①打开文件资源管理器并进入"C:\ICT"文件夹。

②单击菜单"主页"→"新建文件夹"，如图 2-97 所示，生成新文件夹。

③把"新建文件夹"改名为"测试"，按下 Enter 键，或单击窗口空白处。

④右击窗口空白处，在弹出的快捷菜单中选择"新建"→"Microsoft Word 文档"，如图 2-98 所示。

⑤把"新建 Microsoft Word 文档"改名为"新文件"，如图 2-99 所示，按下 Enter 键，或单击窗口空白处。

图 2 – 97 通过"主页"菜单新建文件夹

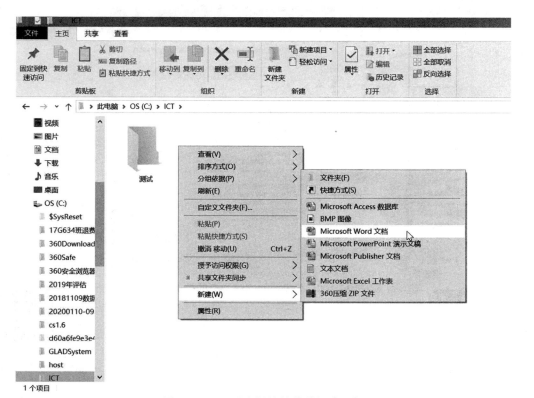

图 2 – 98 通过右键快捷菜单新建文件

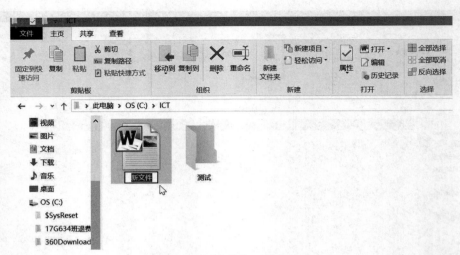

图 2-99 改名为"新文件"

若不想显示文件的扩展名，单击菜单"查看"→"选项"→"更改文件夹和搜索选项"，在弹出的窗口中选择"查看"选项卡，在"高级设置"列表框中勾选复选框"隐藏已知文件类型的扩展名"即可，如图 2-100 所示。

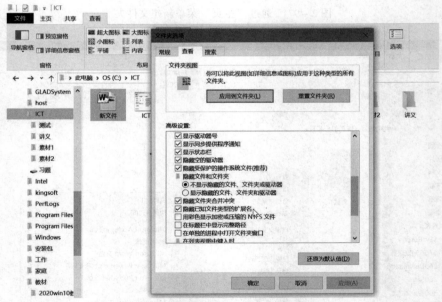

图 2-100 隐藏已知文件类型的扩展名

2.3.4 选定文件和文件夹

选定文件和文件夹有多种情况，操作步骤如下：

①选择一个文件或文件夹，鼠标单击文件或文件夹即可。

②选择多个连续的文件或文件夹，鼠标单击连续文件的第一个文件，然后按住 Shift 键

微课 2-14
选定文件和文件夹

不放，再单击最后一个文件；也可以按住鼠标左键并拖动出一个矩形框，被矩形框框住的文件或文件夹都会被选中。

③选择多个不连续的文件或文件夹，鼠标单击一个文件后，按住 Ctrl 键不放，再依次单击其他需要选择的文件或文件夹即可。

④全部选定，按快捷键 Ctrl + A，或单击菜单"主页"→"选择"→"全部选择"，选中当前目录下所有的文件和文件夹。

⑤反向选择，选中文件或文件夹，单击菜单"主页"→"选择"→"反向选择"。

⑥全部取消，单击菜单"主页"→"选择"→"全部取消"。

2.3.5 重命名文件和文件夹

把"C:\ICT"文件夹下的"测试"文件夹更名为"随堂测试"，把"新文件"更名为"教学知识点"。操作步骤如下：

①打开资源管理器并进入"C:\ICT"文件夹。

②选中"测试"文件夹。

③单击菜单"主页"→"重命名"，此时选定的文件夹图标的名字处于可编辑状态。

④把"测试"重命名为"随堂测试"，如图 2 – 101 所示。

图 2 – 101　重命名为"随堂测试"

⑤按下 Enter 键，或单击窗口空白处。

⑥选中"新文件"。

⑦右击该文件，在弹出的快捷菜单中选择"重命名"命令，如图 2 – 102 所示。

⑧把"新文件"重命名为"教学知识点"。

⑨按下 Enter 键，或单击窗口空白处。

需要注意的是，还可以按 F2 键重命名文件或文件夹。重命名时，切记不要改动文件的扩展名。

2.3.6 删除文件和文件夹

删除"C:\ICT"文件夹中的"工作表"文件。操作步骤如下：

信息技术案例与实训（上）

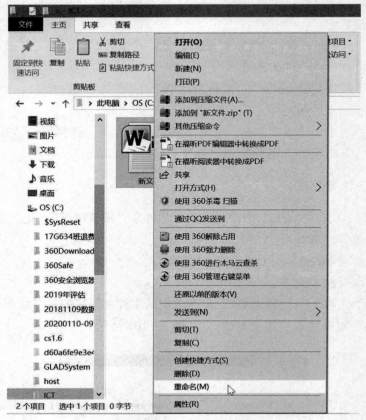

图 2－102　右键快捷菜单

①打开资源管理器并进入“C：\ICT”文件夹。

②选中“工作表”文件。

③单击菜单“主页”→“删除”，如图 2－103 所示。

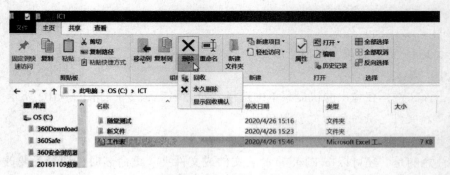

图 2－103　删除文件

④选择“回收”，弹出如图 2－104 所示对话框。单击“是”按钮，完成删除操作，删除的文件被放入回收站；单击“否”按钮，则放弃删除操作。

- 130 -

图 2 – 104　"删除文件"对话框

"删除"操作也可以通过以下方法实现：右击文件或文件夹，在弹出的快捷菜单中选择"删除"；按键盘上的 Delete 键。

在选择"删除"命令的同时按下 Delete + Shift 组合键，则删除的文件或文件夹不放入"回收站"，而是直接从硬盘删除。

2.3.7　复制与移动文件和文件夹

把"C：\ICT"文件夹中的"随堂测试"文件夹复制到"习题"文件夹中，把"教学知识点"移动到"讲义"文件夹中，操作步骤如下：

①打开资源管理器并进入"C：\ICT"文件夹。

②选中文件夹"随堂测试"。

③单击菜单"主页"→"复制"，如图 2 – 105 所示。

④双击"习题"文件夹，单击菜单"主页"→"粘贴"命令，如图 2 – 106 所示。

⑤单击地址栏左侧的"返回"按钮，退回"ICT"文件夹。

⑥选中文件"教学知识点"。

⑦单击菜单"主页"→"剪切"。

⑧双击"讲义"文件夹，单击菜单"主页"→"粘贴"，完成操作。

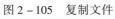

图 2 – 105　复制文件

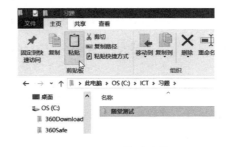

图 2 – 106　粘贴文件

也可以右击文件夹或文件，在弹出的快捷菜单中选择"复制"/"剪切"→"粘贴"命令，还可以使用快捷键 Ctrl + C/Ctrl + X→Ctrl + V。另外，还可以用拖动的方式实现：按住 Ctrl 键的同时，把文件夹或文件拖到目标文件夹中完成复制；直接拖到目标文件夹中完成移动。

2.3.8　设置文件和文件夹查看方式

在 Windows 10 中，用户可以使用 8 种不同的方式查看文件夹中的内容。这 8 种方式分别为超大图标、大图标、中图标、小图标、列表、详细信息、平铺和内容，与其相关的操作步骤如下。

①打开资源管理器并进入"C：\ICT"文件夹。

②单击菜单"查看"→"布局"→"超大图标"，结果如图2-107所示。超大图标至小图标主要是尺寸不同，形式基本相同，不再详述。

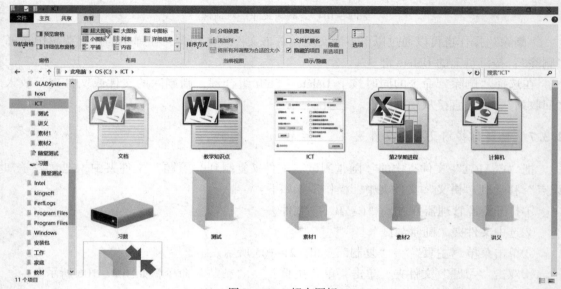

图2-107 超大图标

③单击菜单"查看"→"布局"→"列表"，结果如图2-108所示。

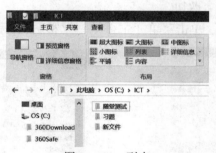

图2-108 列表

④单击菜单"查看"→"布局"→"平铺"，结果如图2-109所示。

图2-109 平铺

⑤单击菜单"查看"→"布局"→"详细信息"，结果如图2－110所示。

图2－110　详细信息

⑥单击菜单"查看"→"布局"→"内容"，结果如图2－111所示。

图2－111　内容

在窗口空白处右击，在弹出的快捷菜单中选择"查看"菜单项，可以切换不同的查看方式，如图2－112所示。

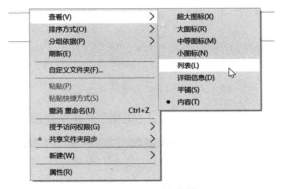

图2－112　右键菜单

2.3.9　设置文件和文件夹排序方式

在 Windows 10 中，文件夹和文件可以有不同的排序方式，操作步骤如下：

①打开资源管理器并进入"C：\ICT"文件夹，新建一个演示文稿文件，命名为"计算机"，以便后续观察。

②单击菜单"查看"→"排序方式"→"名称"，如图2－113所示。

信息技术案例与实训（上）

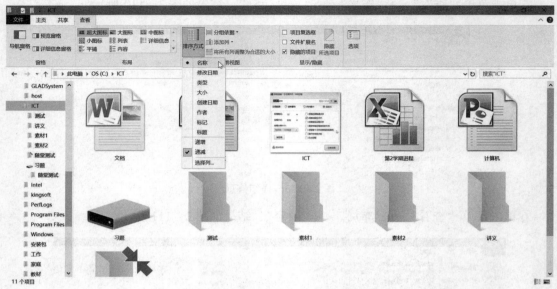

图 2 – 113　排序方式"名称"

③单击菜单"查看"→"排序方式"→"修改日期"，效果如图 2 – 114 所示。

图 2 – 114　排序方式"修改日期"

④单击菜单"查看"→"排序方式"→"类型"，效果如图 2 – 115 所示。

图 2 – 115　排序方式"类型"

⑤单击菜单"查看"→"排序方式"→"大小",效果如图2-116所示。

图2-116 排序方式"大小"

⑥在按"大小"排序的基础上,再单击菜单"查看"→"排序方式"→"递减",效果如图2-117所示。

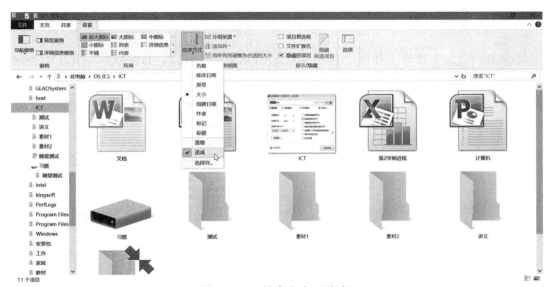

图2-117 排序方式"递减"

切换文件夹的排序方式有两种方法:一是单击菜单"查看"→"排序方式";二是右击窗口空白处,在弹出的快捷菜单中选择"查看"→"排序方式"。

2.3.10 查看与设置文件和文件夹属性

查看"C:\ICT"文件夹的子文件夹"随堂测试"的属性,并设置成隐藏文件;查看子文件夹"习题"的属性,将其设置成共享文件夹,并更改其图标;查看子文件"文档",将其属性设置成"只读"和"隐藏";显示隐藏的文件和文件夹。操作步骤如下:

微课2-15
查看和设置文件
或文件夹属性

①右击子文件夹"随堂测试",在弹出的快捷菜单中选择"属性",打开"随堂测试 属性"对话框,勾选复选框"隐藏",如图2-118所示。

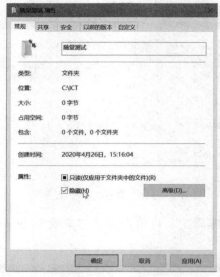

图 2 – 118　隐藏

②单击"高级"按钮，弹出"高级属性"对话框，如图 2 – 119 所示。当在"高级属性"对话框中单击"确定"按钮时，系统会询问是否将这些更改同时应用于所有子文件夹和文件，选择"存档和索引属性"及"压缩或加密属性"，单击"确定"按钮。

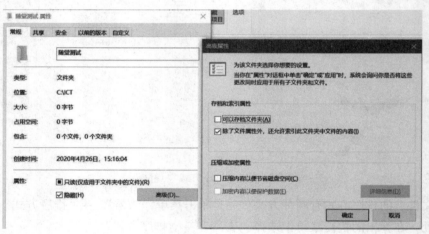

图 2 – 119　高级属性

温馨提示

　　如果"随堂测试"文件夹图标并没有隐藏，但是图标变成虚像，可做进一步设置，单击菜单"查看"→"显示/隐藏"→"隐藏的项目"，显示出隐藏的文件，如图 2 – 120 所示。也可以单击菜单"查看"→"选项"→"更改文件夹和搜索选项"，在弹出的窗口中选择"查看"选项卡，在"高级设置"列表框中选中"不显示隐藏的文件、文件夹或驱动器"，然后单击"确定"按钮，此时窗口中的"随堂测试"文件夹消失。

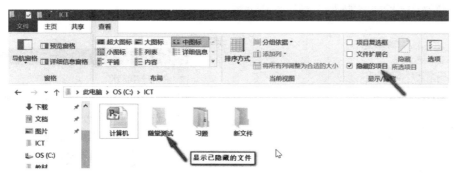

图2-120 显示已隐藏的文件

③右击子文件夹"习题"，在弹出的快捷菜单中选择"属性"命令，打开"习题 属性"对话框。选择"共享"选项卡，如图2-121所示。

④单击"高级共享"按钮，弹出"高级共享"对话框，勾选"共享此文件夹"复选框，单击"确定"按钮，如图2-122所示。

图2-121 共享

图2-122 高级共享

⑤选择"自定义"选项卡，单击"更改图标"按钮，如图2-123所示。

⑥在弹出的对话框中，在"从以下列表中选择一个图标"中选择其中一个图标，如图2-124所示。

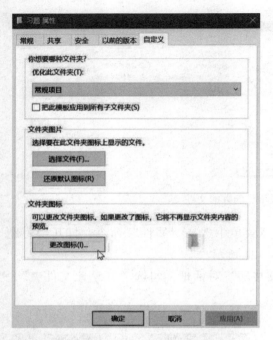

图 2-123　更改图标

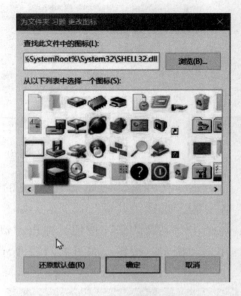

图 2-124　选择图标

⑦单击"确定"按钮，回到"习题 属性"对话框，单击"确定"按钮完成设置。效果如图 2-125 所示。可以看到"习题"文件夹图标已经改变，并且窗口底部的细节窗格显示"习题"文件夹的状态为已共享。

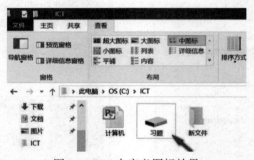

图 2-125　自定义图标效果

⑧右击文件"文档"，在弹出的快捷菜单中选择"属性"，打开"文档 属性"对话框，勾选"只读"和"隐藏"属性，单击"确定"按钮，如图 2-126 所示。此时"文档"消失。

⑨要显示被隐藏的文件或文件夹，单击菜单"查看"→"显示/隐藏"，勾选"隐藏的项目"复选框，如图 2-127 所示。

双击打开"文档"文件，标题栏显示"文档（只读）"，输入文字"你好!"，单击"保存"按钮 ，弹出"另存为"对话框，如图 2-128 所示。体现了"文档"的只读属性，即只能读取，不能修改。

图 2 - 126　文档属性

图 2 - 127　显示隐藏文档

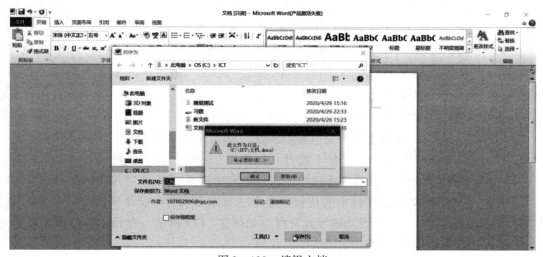

图 2 - 128　编辑文档

2.3.11　搜索文件和文件夹

搜索电脑中的"讲义"文件夹和"C：\ICT"文件夹中的"第2学期进程"文件，操作步骤如下：

①启动文件资源管理器，在窗口右上角的搜索框中输入"讲义"，电脑会自动搜索并显示符合条件的结果，如图2-129所示。

图2-129　搜索"讲义"

②启动文件资源管理器，进入"C：\ICT"，在窗口右上角的搜索框中输入"第2学期进程"，电脑会自动搜索并显示符合条件的结果，如图2-130所示。

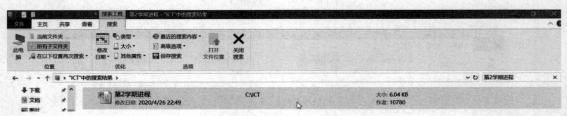

图2-130　搜索"第2学期进程"

2.3.12　使用"回收站"

在Windows 10操作系统中，"回收站"是设置在计算机硬盘上的一个特定区域，系统将用户从硬盘中删除的文件、文件夹或快捷方式暂存到"回收站"。"回收站"中的内容可以被还原到原位置，也可以通过清空"回收站"来永久删除里面的内容。

例如，删除"C：\ICT"文件夹中的子文件夹"随堂测试"和子文件"文档"，然后进入"回收站"，把"随堂测试"文件夹还原，把"文档"从计算机中永久删除，再清空"回收站"。具体操作步骤如下：

①打开文件资源管理器，并进入"C：\ICT"文件夹。

②删除"C：\ICT"中的子文件夹"随堂测试"和子文件"文档"。

③双击桌面上的"回收站"图标，打开"回收站"，如图2-131所示。

④右击"随堂测试"文件夹，在弹出的快捷菜单中选择"还原"，如图2-132所示。

⑤右击"文档"文件，在弹出的快捷菜单中选择"删除"；或者单击菜单"回收站工具"→"清空回收站"，永久性地删除此文件，如图2-133所示。在弹出的如图2-134所示的对话框中单击"是"按钮，完成清空回收站。

图2-131　"回收站"窗口

图2-132　"还原"命令

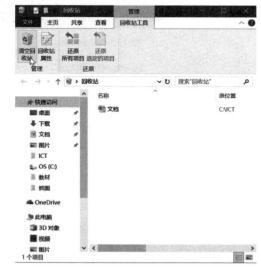

图2-133　清空回收站

右击"回收站"图标，在弹出的快捷菜单中选择"属性"命令，然后选择"常规"选项卡，如图2-135所示，选中"不将文件移到回收站中。移除文件后立即将其删除"单选按钮，可以直接将文件删除而不是放入回收站；若取消选中"显示删除确认对话框"复选框，在删除文件时不显示删除确认对话框。

图2-134　"删除文件"对话框

图2-135　"回收站 属性"对话框

2.3.13 创建快捷方式

在文件的使用过程中，为了方便操作，用户可以为经常使用的文件或文件夹创建快捷方式。例如，在桌面上创建"C:\ICT"的快捷方式，快捷方式的名称为"我的ICT"，具体操作步骤如下：

①右击桌面空白处，在弹出在快捷菜单中选择"新建"→"快捷方式"，弹出如图2－136所示的对话框。

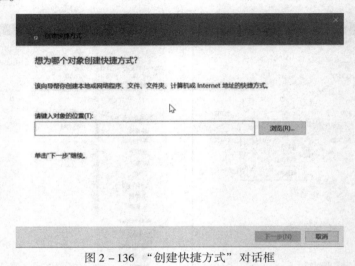

图2－136 "创建快捷方式"对话框

②可直接在"请键入对象的位置"的文本框中输入"C:\ICT"，或者单击"浏览"按钮，弹出"浏览文件或文件夹"窗口，选择"计算机"→"资料（E:）"→"ICT"，如图2－137所示，单击"确定"按钮。

图2－137 "浏览文件夹或文件夹"对话框

③单击"下一步"按钮，进入新界面，在"键入该快捷方式的名称"文本框中输入

"我的ICT"，如图2–138所示。

单击"完成"按钮，此时桌面上出现快捷方式图标"我的ICT"，如图2–139所示。

图2–138 输入"我的ICT"

图2–139 "我的ICT"快捷方式图标

温馨提示

如果在窗口中创建快捷方式，可以单击菜单"主页"→"新建项目"→"快捷方式"；如果创建的快捷方式与原文件在同一目录下，可直接右击该文件，在弹出的快捷菜单中选择"创建快捷方式"。

2.3.14 文件与文件夹的压缩操作

例如，为桌面上的"我的ICT"文件夹建立压缩文件夹，并命名为"任务：邮件合并"。具体操作步骤如下：

①右击桌面上的"我的ICT"文件夹，在弹出的快捷菜单中选择"添加到'我的ICT. zip'"，如图2–140所示。

②将新建立的压缩文件夹命名为"任务：邮件合并"，如图2–141所示。

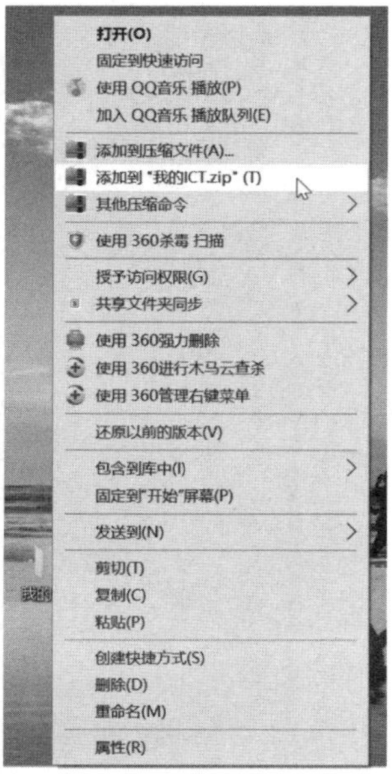

图2–141 命名为"任务：邮件合并"

图2–140 压缩"我的ICT"文件夹

项目总结

　　本项目通过对文件和文件夹的操作，使读者掌握如何启动文件资源管理器，以及如何浏览、创建、重命名、压缩文件和文件夹等。

项目 4

磁盘管理

基本信息	姓名		学号		班级		总评成绩	
	规定时间	30 min	完成时间		考核日期			
任务工单	序号	步骤	完成情况			标准分	评分	
			完成	基本完成	未完成			
	1	查看磁盘属性				20		
	2	格式化磁盘				10		
	3	磁盘碎片整理				10		
	4	磁盘清理				10		
	5	磁盘文件的移动				10		
	6	磁盘文件的复制				10		
	7	文件和文件夹加密				10		
	8	更改文件和文件夹权限				10		
操作规范性						5		
安全						5		

✓ 项目目标

本项目即将完成查看磁盘属性、格式化磁盘、磁盘碎片整理、磁盘文件的移动与复制、文件和文件夹加密、更改文件和文件夹权限等任务。在整个任务过程中，期望读者在操作技能方面能够掌握以下几点：

①做好关于磁盘相关知识的预习工作。

②做好文件夹加密和更改文件权限工作。

③将磁盘及文件夹操作应用于实际生活中。

项目分析

磁盘是计算机必备的外存储器，磁盘管理是一项使用计算机时的日常任务，掌握有关计算机管理的基本知识，可以更加快捷、方便、有效地对计算机磁盘进行管理。

项目实施

磁盘是计算机用于存储数据的硬件设备。Windows 10 为磁盘管理提供了强大的功能，它的磁盘管理任务是以一组磁盘管理程序的形式提供给用户的，它们位于"计算机管理"控制台中，包括查错程序、磁盘碎片整理程序、磁盘整理程序等。

2.4.1 查看磁盘属性

①双击桌面图标"此电脑"，进入"此电脑"窗口。右击 C 盘，在弹出的快捷菜单中选择"属性"，如图 2 - 142 所示。也可以通过单击菜单"文件"→"属性"，打开"属性"对话框。

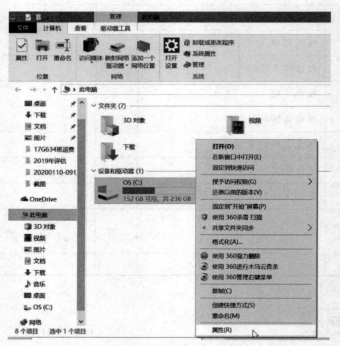

图 2 - 142　通过快捷菜单选择"属性"命令

②弹出"属性"对话框，如图 2 - 143 所示。

③"属性"对话框中有七个选项卡：常规、工具、硬件、共享、安全、以前的版本和配额。

● 选择"常规"选项卡，该选项卡中包括磁盘的类型、文件系统、磁盘容量、已用空间和可用空间等信息。

图 2-143 "属性"对话框

● 选择"工具"选项卡，该选项卡包括：查错，检查驱动器中的文件系统错误；对驱动器进行优化和碎片整理，优化计算机驱动器可以帮助计算机更高效运行，如图 2-144 所示。

图 2-144 "工具"选项卡

- 选择"硬件"选项卡，该选项卡包括所有磁盘驱动器和设备属性信息，如图 2 – 145 所示。

图 2 – 145 "硬件"选项卡

- 选择"共享"选项卡，该选项卡可以设置磁盘共享，如图 2 – 146 所示。

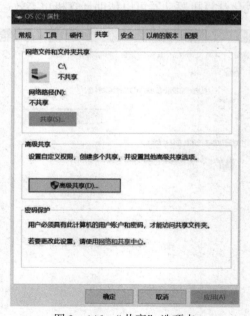

图 2 – 146 "共享"选项卡

- 选择"安全"选项卡，该选项卡可以设置用户对文件和文件夹的权限，如图 2 – 147 所示。

图2－147　"安全"选项卡

2.4.2　格式化磁盘

格式化磁盘是在磁盘上建立可以存放文件的磁道和扇区，把磁盘初始化成操作系统能够接受的格式。以D盘为例，格式化D盘。具体操作如下：

①双击桌面上的"此电脑"图标，在弹出的窗口中选中D盘。

②右击D盘，在弹出的快捷菜单中选择"格式化"命令，如图2－148所示。

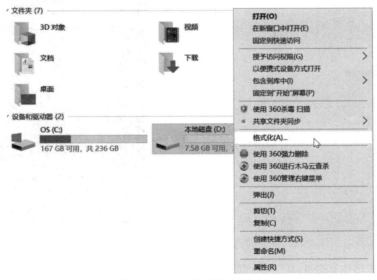

图2－148　"格式化"命令

③弹出"格式化 本地磁盘（D:）"对话框，单击对话框中的"开始"按钮，即开始对 D 盘进行格式化，如图 2 – 149 所示。

温馨提示

格式化磁盘将删除磁盘上的所有信息，在格式化前要注意备份有用文件。在如图 2 – 149 所示的"格式化 本地磁盘（D:）"对话框中，选中"快速格式化"复选框，表示格式化时不扫描磁盘的坏扇区而直接从磁盘上删除文件。

2.4.3　磁盘碎片整理

微课 2 – 17
磁盘碎片整理

磁盘碎片是由于文件被分散保存到整个磁盘的不同地方而形成的。磁盘碎片过多会使系统性能下降，严重的还会缩短硬盘寿命。对计算机的 C 盘进行碎片整理的具体操作如下：

①选择"开始"→"所有程序"→"Windows 管理工具"→"碎片整理和优化驱动器"命令，如图 2 – 150 所示。

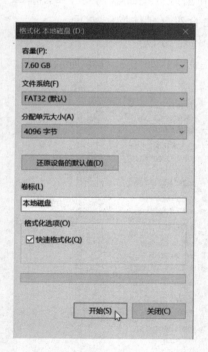

图 2 – 149　"格式化 本地磁盘（D:）"对话框

图 2 – 150　选择"碎片整理和优化驱动器"命令

②弹出如图 2 – 151 所示的"优化驱动器"对话框，在该对话框中显示了磁盘的一些状

态和系统信息。选择 C 盘，单击"优化"按钮，系统开始分析并进行磁盘整理。

图 2 – 151 "优化驱动器"对话框

为了更好地确定磁盘是否需要立即进行碎片整理，可以单击"分析"按钮，先进行分析。即使系统未建议整理碎片，也应进行整理，以提高访问效率。

2.4.4 磁盘清理

磁盘清理可以减少硬盘上不需要的文件数量，以释放磁盘空间并让计算机运行得更快。该程序可以删除临时文件、清空回收站并删除各种系统文件和其他不再需要的项。

微课 2 – 18
磁盘清理

在 C 盘上运行磁盘清理操作，删除"Internet 临时文件"和"回收站"文件。（注：接受所有其他默认设置。）

①进入"此电脑"窗口，右击 C 盘，在弹出的快捷菜单中选择"属性"，弹出 C 盘的"属性"对话框，如图 2 – 152 所示。

②单击"磁盘清理"按钮，弹出"磁盘清理"对话框，如图 2 – 153 所示。

③按照要求，仅勾选"Internet 临时文件"和"回收站"，其余预设选项取消勾选，单击"确定"按钮。

④单击"清理系统文件"按钮，计算可以释放的磁盘空间，如图 2 – 154 所示。

⑤单击"确定"按钮，弹出"磁盘清理"确认对话框，如图 2 – 155 所示，如果确实要永久删除这些文件，单击"删除文件"按钮。弹出"磁盘清理"过程对话框，如图 2 – 156 所示，清理完成后，对话框自动关闭。

⑥回到 C 盘的"属性"对话框，单击"确定"按钮即可。

图 2-152 "属性"对话框

图 2-153 "磁盘清理"对话框

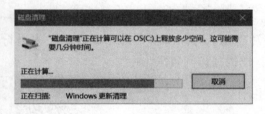

图 2-154 计算可以释放的磁盘空间

图 2-155 "磁盘清理"确认对话框

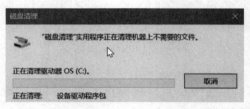

图 2-156 "磁盘清理"过程对话框

温馨提示

要进行磁盘碎片整理和磁盘清理，还可以进入"控制面板"→"系统和安全"窗口，在"管理工具"下面的选项组中找到相应的选项，如图 2-157 所示。

2.4.5 磁盘文件的移动

移动文件或文件夹是将选中的文件或文件夹移到目标文件夹下，源文件或文件夹不存在了。例如，将"C:\ICT\素材 1"文件夹移动到 D 盘根目录下。

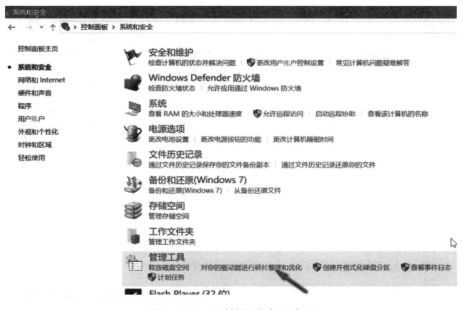

图 2 - 157　"系统和安全"窗口

方法一：

①选中"C：\ICT\素材 1"文件夹，选择菜单"主页"→"剪贴板"→"剪切"命令，如图 2 - 158 所示。

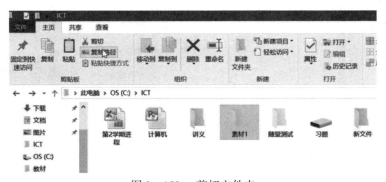

图 2 - 158　剪切文件夹

②选中目标位置 D 盘，选择菜单"主页"→"剪贴板"→"粘贴"命令，如图 2 - 159 所示。

方法二：选中"C：\ICT\素材 1"文件夹，选择菜单"主页"→"组织"→"移动到"命令，打开"移动项目"对话框，选中目标位置 D 盘，单击"移动"按钮，如图 2 - 160 所示。

2.4.6　磁盘文件的复制

复制文件或文件夹是将选中的文件或文件夹在目标位置也放一份，源文件或文件夹还存在。例如，将"C：\ICT\素材 2"中的"素材 2"文件夹复制到 D 盘根目录下。

图 2 – 159　粘贴文件夹

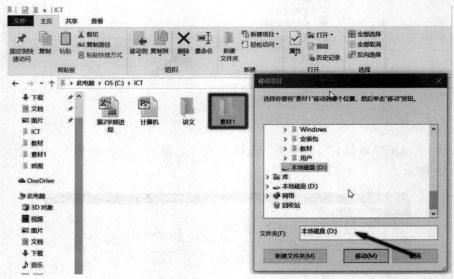

图 2 – 160　"移动到"命令

方法一：

①选中"C：\ICT\素材 2"中的"素材 2"文件夹，选择菜单"主页"→"剪贴板"→"复制"命令，如图 2 – 161 所示。

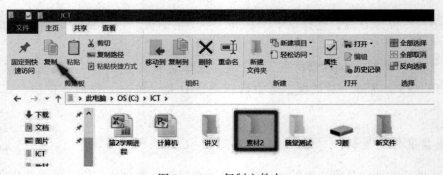

图 2 – 161　复制文件夹

②选中目标位置 D 盘，选择菜单"主页"→"剪贴板"→"粘贴"命令，如图 2 – 162 所示。

图 2 – 162　粘贴文件夹

方法二：选中"C：\ICT\素材 1"文件夹，选择菜单"主页"→"组织"→"复制到"命令，打开"复制项目"对话框，选中目标位置 D 盘，单击"复制"按钮。

2.4.7　文件和文件夹加密

通过对文件和文件夹设置加密，可以保护自己的信息不受到他人的侵犯，将 C：\ICT 文件夹中的文件"讲义"加密，其操作步骤如下：

①打开"此电脑"或文件资源管理器窗口，进入"C：\ICT"，选中"讲义"文件夹，右击，选择"属性"，弹出"讲义 属性"对话框，在"常规"选项卡中单击"高级"按钮，弹出"高级属性"对话框，如图 2 – 163 所示。

②勾选"压缩或加密属性"选项组中的"加密内容以便保护数据"复选框，单击"确定"按钮。

温馨提示

Windows 10 的文件夹"高级属性"中，加密选项呈灰色，不能勾选，家庭版是不具备"加密内容以便保护数据"这个功能的，专业版中可以实现该功能。

2.4.8　更改文件和文件夹权限

权限是确定用户是否可以访问某个对象以及可以对该对象执行哪些操作。例如，没有读取权限，用户就不能打开文件和文件夹，无法查看文件和文件夹的内容。

修改"C：\ICT"的"素材 1"文件夹的读写权限，操作步骤如下：

①进入"C：\ICT"目录，右击文件夹"素材 1"，在弹出的快捷菜单中选择"属性"，弹出"素材 1 属性"对话框，选择"安全"选项卡，在"组或用户名"列表中默认选择的是"Authenticated Users（认证用户）"。

②单击"编辑"按钮，弹出"素材 1 的权限"对话框，如图 2 – 164 所示，在"Authenticated Users 的权限"下拉列表中勾选"读取"后面的"拒绝"复选框。

微课 2 – 19
更改文件和
文件夹权限

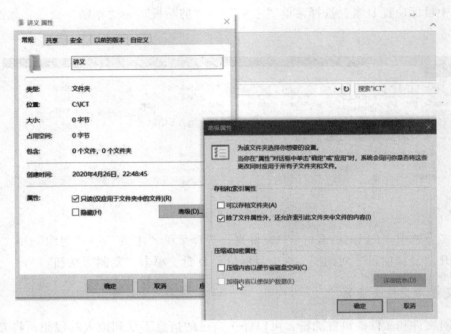

图 2－163　"高级属性"对话框

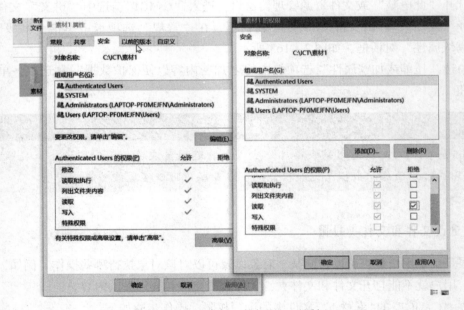

图 2－164　"素材 1 的权限"对话框

③单击"确定"按钮，弹出"Windows 安全中心"对话框，单击"是"按钮，如图 2－165 所示。

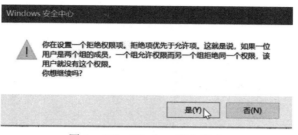

图 2 – 165　Windows 安全中心

④回到"素材 1 属性"对话框，单击"确定"按钮完成操作。在"C：\ICT"目录下双击文件夹"素材 1"，弹出"你当前无权访问该文件夹。"的提示信息，如图 2 – 166 所示。

图 2 – 166　信息提示框

项目总结

通过本项目的学习，掌握如何查看磁盘属性、如何格式化磁盘、如何进行磁盘碎片整理、如何移动与复制磁盘文件、如何加密文件和文件夹、如何更改文件和文件夹权限等。

项目 5

软件的安装、卸载和使用

基本信息	姓名		学号		班级		总评成绩	
	规定时间	30 min	完成时间		考核日期			

任务工单				完成情况			标准分	评分
	序号	步骤		完成	基本完成	未完成		
	1	安装程序					20	
	2	卸载程序					40	
	3	安装与使用网络下载软件格式工厂					20	
	4	使用压缩软件 WinRAR					10	
操作规范性							5	
安全							5	

✓ 项目目标

本项目即将完成安装与卸载程序、网络下载软件格式工厂的使用、压缩软件 WinRAR 的使用等任务。在完成任务的过程中，期望读者在操作技能方面能够掌握以下几点：

①掌握格式工厂下载软件和压缩软件的使用方法。

②将安装软件操作应用于实际工作中。

③做好关于软硬件相关知识的学习工作。

✓ 项目分析

计算机中除了安装必备的系统软件外，根据工作和学习需要，往往还要安装诸多应用软件，应用软件可以拓宽计算机系统的应用领域，加强硬件的功能。

项目实施

2.5.1 安装程序

如何添加程序取决于程序的安装文件所处的位置，通常，程序从 CD、DVD 及 Internet 上安装。下面介绍从 Internet 上安装应用程序的方法。

①在 Web 浏览器中单击指向程序的链接。

②若要立即安装程序，则单击"打开"或"运行"按钮，然后按照屏幕上的指示进行操作。如果系统提示输入管理员密码或进行确认，键入该密码或提供确认即可。

③若要以后安装程序，则单击"保存"按钮，然后将安装文件下载到本地计算机上。做好安装该程序的准备后，双击该文件，并按照屏幕上的指示进行操作。这是比较安全的选项，因为可以在继续安装前扫描安装文件中的病毒。

用户在安装一个软件前，首先要明确安装软件的类型、软件获取途径及软件的安装序列号等。常用的软件分为工具软件和专业软件；获取软件的途径有从软件销售商处购买、从网上下载和购买软件书籍时赠送。

用户可通过阅读安装光盘的包装来获取序列号。从 Internet 上下载和安装程序时，需确保该程序的发布者及提供该程序的网站是值得信任的。

可以使用 360 安全卫士等工具的软件管家功能，从中搜索想安装的软件，实现快速安装。

2.5.2 卸载程序

从计算机上卸载"腾讯会议"软件，其操作步骤如下：

①单击"开始"按钮，选择"开始"菜单，在"所有程序"中找到"Windows 系统"，进入"控制面板"窗口，在"查看方式"为"类别"的状态下，选择"程序"下面的"卸载程序"，如图 2-167 所示。

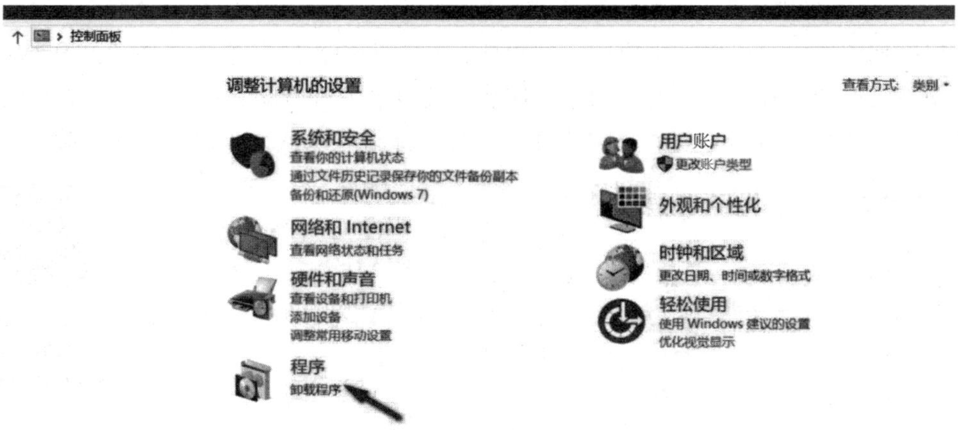

微课 2-20
卸载程序

图 2-167 选择"卸载程序"

②进入"程序和功能"窗口，在程序列表框中找到并选中"腾讯会议"，如图2-168所示，单击"卸载/更改"按钮。

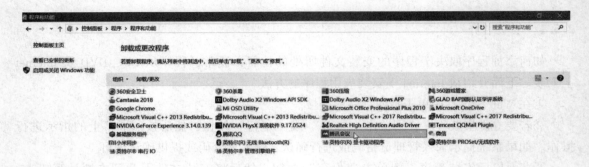

图2-168　卸载或更改程序

③弹出卸载确认信息框，单击"是"按钮，单击"解除安装"按钮，如图2-169所示。

④按照卸载程序的提示进行操作，最后单击"关闭"按钮，如图2-170所示，将此程序彻底删除。

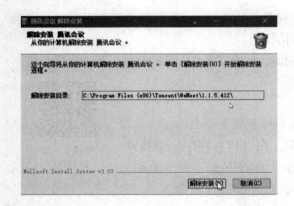

图2-169　解除安装

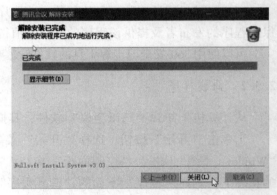

图2-170　关闭

在程序列表框中也可以右击要删除的程序，在弹出的快捷菜单中选择"卸载/更改"命令。在删除已安装的程序文件时，切忌直接从安装目录下进行删除操作，一定要在控制面板下的"程序和功能"窗口中进行删除操作，这样才能将软件从计算机中彻底卸载。

2.5.3　安装与使用网络下载软件格式工厂

格式工厂（Format Factory）是一款多功能的多媒体格式转换软件，适用于Windows。其可以实现大多数视频、音频及图像不同格式之间的相互转换。转换具有设置文件输出配置、添加数字水印等功能。

微课2-21
安装与使用网络
下载软件格式工厂

格式工厂的安装与使用操作步骤如下：

①启动360安全卫士，选择"软件管家"选项，弹出如图2-171所示对话框。

②在搜索框中输入"格式工厂"，单击"搜索"按钮，弹出如图2-172所示对话框。

图 2 – 171 "软件管家"对话框

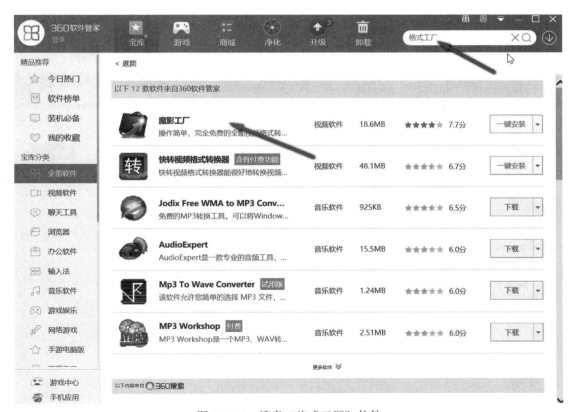

图 2 – 172 搜索"格式工厂"软件

③选择"魔影工厂"，单击"一键安装"按钮，自动进行智能安装，如图2-173所示。单击"确定"按钮。

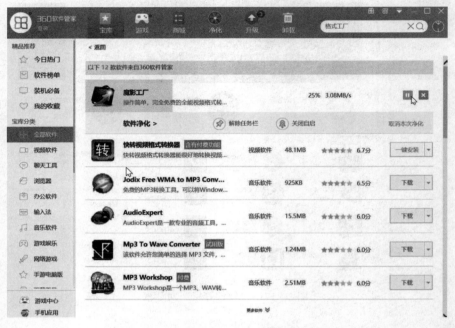

图2-173　自动进行智能安装

④安装完毕后，单击"立即开启"按钮，如图2-174所示。

图2-174　单击"立即开启"按钮

⑤应用软件"魔影工厂"界面如图 2 – 175 所示。

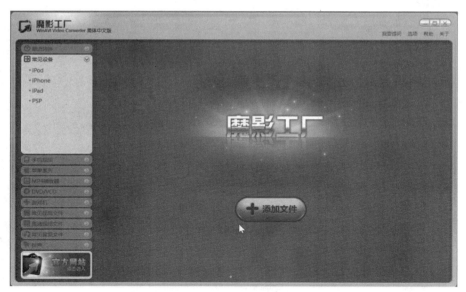

图 2 – 175　应用软件"魔影工厂"界面

2.5.4　使用压缩软件 WinRAR

压缩软件是利用算法将文件有损或无损地进行处理，以达到保留最多文件信息，并使文件体积变小的应用软件。压缩软件一般同时具有解压缩的功能，常见的压缩软件有 WinRAR、WinZip 等，其中 WinRAR 的使用最为广泛。

WinRAR 的安装方法非常简单，直接双击运行安装程序，按照提示安装即可。

将 C 盘 ICT 文件夹压缩到 D 盘，操作步骤如下：

①选中要压缩的文件夹 C:\ICT 并右击，在弹出的快捷菜单中可以看到"添加到压缩文件""添加到'ICT.zip'""其他压缩命令"（"添加到高压缩比文件'ICT.7z'"和"添加到'ICT.zip'并邮件"）等命令，如图 2 – 176 所示。

②选择"添加到压缩文件"，弹出"您将创建一个压缩文件"对话框。单击"浏览"按钮，将压缩对象的路径改为"D:\ICT"，还可以设置其他功能。"压缩配置"选择"自定义"。如果要把 RAR 压缩包制作成 7z 格式文件，需要勾选"创建自解压文件"复选框；要把文件分解为多个压缩包，可以在"压缩分卷大小"下面的下拉框中输入每个压缩包的字节数，如图 2 – 177 所示。

③单击"立即压缩"按钮后，就会出现"正在创建压缩文件"对话框，显示目前的进度。如果文件比较大，则需要等待一段时间，可以单击"后台"按钮，使压缩程序在后台执行。

如果要将压缩文件解压缩，操作步骤如下：

①选中要解压的对象并右击，在弹出的快捷菜单中根据需要选择其中一项即可进行解压缩，如图 2 – 178 所示。

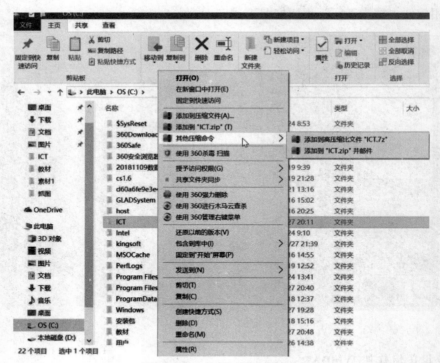

图 2 – 176　选择压缩文件命令

图 2 – 177　压缩

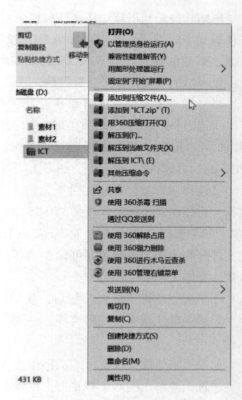

图 2 – 178　选择解压文件命令

②选择"解压到",弹出如图2－179所示解压路径和选项对话框,如不更改"目标路径",单击"立即解压"按钮。

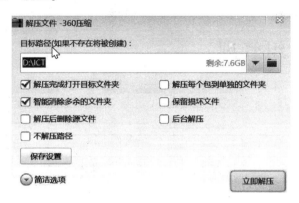

图2－179 解压路径和选项对话框

 **项目总结**

通过本项目的学习,掌握如何安装、卸载和使用软件。

项目 6

用户和用户组管理

基本信息	姓名		学号		班级		总评成绩	
	规定时间	30 min	完成时间		考核日期			

任务工单	序号	步骤	完成情况			标准分	评分
			完成	基本完成	未完成		
	1	新建本地用户账户				20	
	2	更改账户设置				20	
	3	新建本地组				20	
	4	向组中添加用户				10	
	5	限制用户本地登录				20	
操作规范性						5	
安全						5	

项目目标

本项目即将完成新建本地用户账户、新建本地组、向组中添加用户、限制用户本地登录、更改用户权限等任务。在整个任务过程中，期望读者在操作技能方面能够掌握以下几点：

①用户账号的添加、删除和修改。

②用户口令的管理。

③用户组的管理。

项目分析

作为一个多用户操作系统，Windows 10 允许多个用户共同使用一台计算机，而系统则通过账户来区别不同的用户。用户账户不仅可以保护用户数据的安全，还可以将每个用户的程序、数据等相互隔离。

微课 2 – 22
新建本地用户帐户

✓ 项目实施

2.6.1 新建本地用户账户

①如果启动计算机时已经以系统默认的管理员账户 Administrator 登录，可直接进入下一步操作；否则，单击"开始"菜单中的"注销"命令，然后重新以 Administrator 管理员身份登录到计算机。

温馨提示

　　Administrator 是系统内置的最高系统管理员账户，管理本地计算机中的所有其他账户。该账户在安装操作系统的过程中就要求为其设置一个高效、安全的密码。

②打开"控制面板"，如果"查看方式"为"类别"，单击"用户账户"下面的"更改账户类型"选项，如图 2 – 180 所示。

图 2 – 180　"控制面板"窗口

③进入如图 2 – 181 所示的"管理账户"窗口，选择"在电脑设置中添加新用户"。

④进入"在电脑设置中添加新用户"窗口，在"家庭和其他人员"选项中单击"将其他人添加到这台电脑"，如图 2 – 182 所示。

⑤在 Microsoft 账户设置界面，单击下方的"我没有这个人的登录信息"，如图 2 – 183 所示。然后单击"添加一个没有 Microsoft 账户的用户"（也就是新建本地用户）。

⑥至此，已经为电脑创建了一个 Windows 10 本地账户。填写本地账户名称和密码、密码提示，然后单击"下一步"按钮，如图 2 – 184 所示。

信息技术案例与实训（上）

图 2-181　创建新账户界面

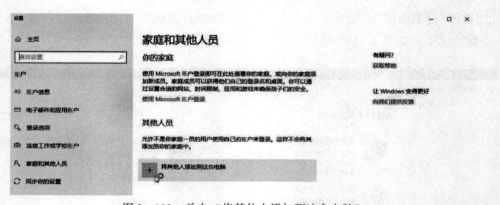

图 2-182　单击"将其他人添加到这台电脑"

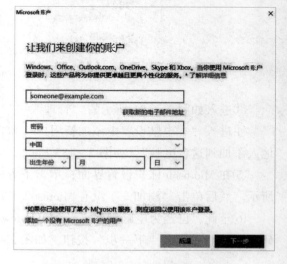

图 2-183　单击"我没有这个人的登录信息"

图 2-184　创建账户

⑦弹出如图2-185所示界面，单击"完成"按钮，成功创建一个本地账户，如图2-186所示。

图2-185 创建完成

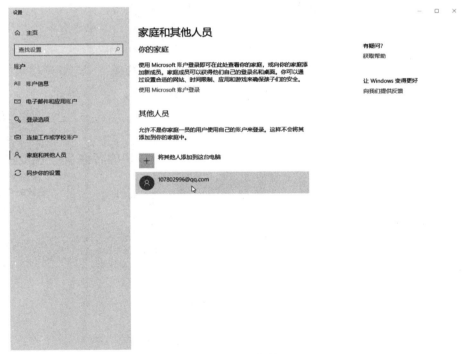

图2-186 添加效果

⑧如果不打算使用Microsoft账户或者想要切换到这个本地账户，只要打开Windows 10左下角的"开始"菜单，单击头像图标，就可以切换账户了，如图2-187所示。

图 2 – 187　切换账户

温馨提示

　　用户名命名时，应注意：用户名不能与被管理的计算机上的其他用户或组名相同；用户名最多可以包含 20 个大写或小写字符；用户名不能使用下列字符：/、\、[、]、"、:、;、|、<、>、+、=、,、?、*。在账户类型中，标准用户的权限受限，管理员拥有最高权限。

　　在创建账户时应注意，为了保证计算机系统的安全和有效管理，一定要严格限制普通用户的权限。

2.6.2　更改账户设置

微课 2 – 23
更改帐户设置

　　在 Windows 10 中，可以更改用户账户的设置，包括更改账户的名称、图片和类型，创建密码等。主要操作步骤如下：
　　①打开"控制面板"，单击"用户账户"下面的"更改账户类型"选项，进入"选择要更改的用户"窗口，如图 2 – 188 所示。

图 2 – 188　"选择要更改的用户"窗口

②单击账户图标，弹出"更改账户"窗口，单击"更改账户类型"选项，如图2-189所示。

图2-189　更改账户类型

③为选择的账户设置"管理员"账户类型，如图2-190所示。"标准"账户可以使用大多数软件，并可以更改不影响其他用户或这台电脑安全性的系统设置；"管理员"账户对这台电脑有完全控制权，其可以更改任何设置，还可以访问存储在这台电脑上的所有文件和程序。

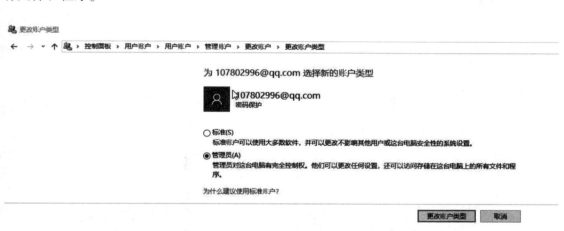

图2-190　设置"管理员"账户类型

④打开"开始"菜单，单击头像图标，单击"更改账户设置"，如图2-191所示。设置账户信息，创建头像，单击"从现有图片中选择"，如图2-192所示，从弹出的窗口中选择图片。

⑤打开"控制面板"，选择"用户账户"，单击"管理账户"，打开"更改账户"对话框，将名称改为"计算机管理员"，如图2-193所示。

⑥单击"登录选项"，单击"密码"，在弹出的窗口中，在"新密码"文本框中输入"555333"，在"重新输入密码"文本框中再输入一遍密码，如图2-194所示。可在"密码提示"文本框中设置密码提示，本例不做设置，单击"创建密码"按钮。

⑦打开"开始"菜单，切换账户，弹出新界面，要求输入密码。输入密码后，单击"进入"按钮。

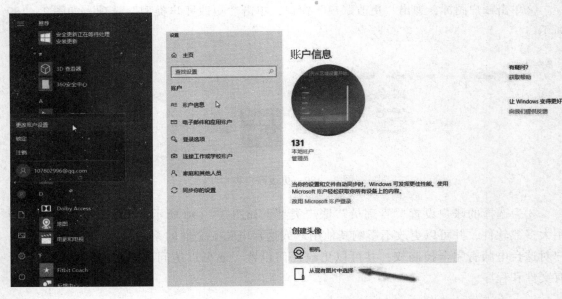

图 2 – 191　更改账户设置　　　　　　　　图 2 – 192　从现有图片中选择

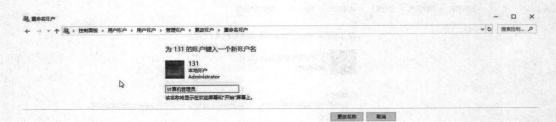

图 2 – 193　重命名账户

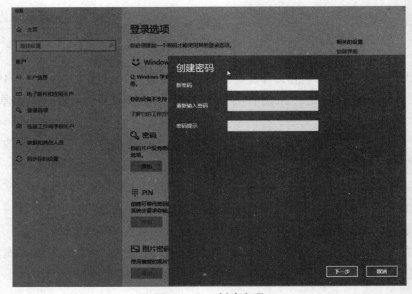

图 2 – 194　创建密码

2.6.3　新建本地组

组是管理员进行用户管理的有效工具，通过将用户加入组，管理员可以简化网络的管理工作。Windows 10 开始慢慢普及，很多用户都会按照 Windows 7 的习惯对系统进行一些设置。但是有些用户可能会发现，系统中少了一些功能。比如不能添加本地用户、没有本地用户和组、没有本地策略等。下面一起来探究一下原因及解决方法。

①右击"开始"菜单，打开"运行"窗口，输入"gpedit.msc"或者"secpol.msc"，单击"确定"按钮，弹出提示框提示找不到文件，如图 2 – 195 所示。通过"控制面板"打开管理工具，发现里面没有相关选项。

图 2 – 195　找不到文件

②打开"运行"窗口，输入"mmc"，如图 2 – 196 所示，单击"确定"按钮，打开 Microsoft控制台，如图 2 – 197 所示。单击"文件"→"添加或删除管理单元"，如图 2 – 198 所示，添加相关选项，如图 2 – 199 所示。弹出如图 2 – 200 所示的提示窗口。

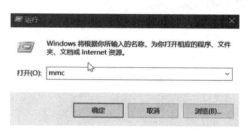

图 2 – 196　"运行"窗口

图 2 – 197　控制台 1 – 控制台根节点

这不是 Windows 10 版本的问题，也不是电脑的问题。家庭版的 Windows 10 没有这些功能，只有 Windows 10 Pro（专业版）版本以上才有这些功能。如果要解决这些功能，就需要升级到专业版，如图 2 – 201 和图 2 – 202 所示。

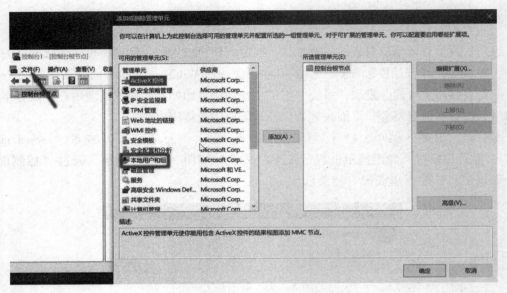

图 2 - 198　添加或删除管理单元

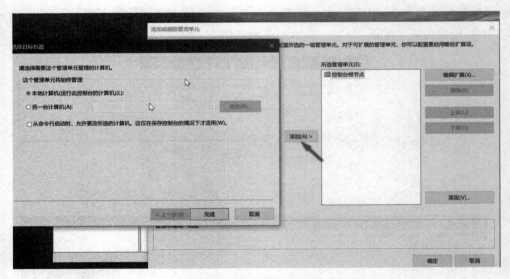

图 2 - 199　选择目标机器

图 2 - 200　本地用户和组

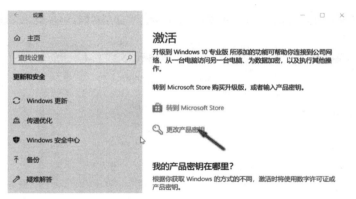

图 2 - 201　更改产品密钥

图 2 - 202　升级 Windows 版本

下面创建一个新的本地组，操作步骤如下：

①打开"控制面板"，如果"查看方式"为"类别"，单击"系统和安全"，进入"系统和安全"窗口，单击"管理工具"选项，如图 2 - 203 所示。

图 2 - 203　管理工具

②弹出"管理工具"窗口，双击"计算机管理"图标，如图 2 - 204 所示。打开"计算机管理"窗口，在其左边的树形结构中单击"本地用户和组"，在展开的下级结构中单击"组"，右侧显示目前已经存在的所有"组"的名称，如图 2 - 205 所示。

③右击"组"选项，弹出如图 2 - 206 所示的快捷菜单，选择"新建组"命令。

信息技术案例与实训（上）

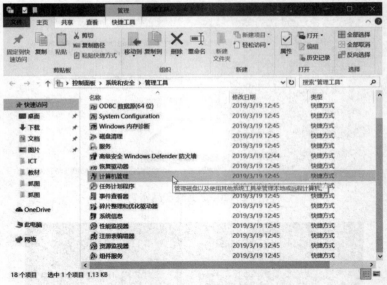

图 2-204　计算机管理

图 2-205　"计算机管理"窗口

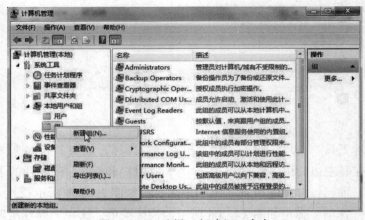

图 2-206　选择"新建组"命令

④弹出"新建组"对话框，在"组名"文本框中输入"企业"，在"描述"文本框中输入"企业高级管理人员组"，如图2-207所示。

⑤单击"创建"按钮，完成创建新组的操作。单击"关闭"按钮，关闭对话框，回到"计算机管理"窗口，如图2-208所示。

2.6.4　向组中添加用户

①打开如图2-209所示的窗口。

②右击"企业"，在弹出的快捷菜单中选择"添加到组"命令。

图2-207　"新建组"对话框

图2-208　新建组"企业"

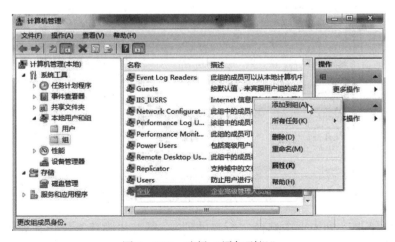

图2-209　选择"添加到组"

③弹出如图 2 –210 所示的"企业 属性"窗口。

④单击"添加"按钮，进入如图 2 –211 所示的"选择用户"窗口。

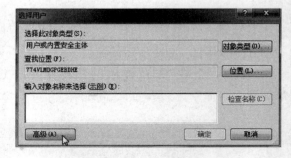

图 2 –210 "企业 属性"窗口　　　　　　图 2 –211 "选择用户"窗口

⑤单击"高级"按钮，在弹出的对话框中单击"立即查找"按钮，"搜索结果"列表框中显示用户列表，如图 2 –212 所示。

图 2 –212 "搜索结果"列表

⑥在"搜索结果"列表框中选择"行政助理"，单击"确定"按钮，如图 2 –213 所示。

⑦弹出如图 2 –214 所示的对话框，单击"确定"按钮。

图 2－213　选择"行政助理"

图 2－214　单击"确定"按钮

⑧回到"企业 属性"窗口，单击"确定"按钮，完成新用户的添加，如图 2－215 所示。

图 2－215　添加用户

2.6.5　限制用户本地登录

将新用户"行政助理"加入"企业"组中，实际上就是将该组所具有的权限授予用户"行政助理"，还可以通过停止该用户权限的方法，禁止该用户以后继续使用本计算机。具体操作步骤如下：

①以计算机管理员的账户登录到计算机。

②打开"控制面板"，如果"查看方式"为"类别"，单击"系统和安全"，进入"系统和安全"窗口，单击"管理工具"选项，打开"管理工具"窗口。

③双击"计算机管理"选项，打开"计算机管理"窗口，在其左边的树形结构中单击"本地用户和组"，在展开的下级结构中单击"用户"，右侧显示目前已经存在的所有用户的名称，如图2–216所示。

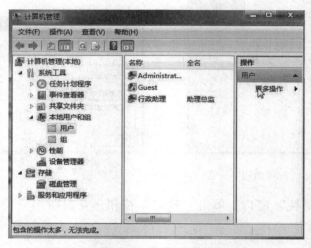

图2–216　用户列表

④右击用户"行政助理"，在弹出的快捷菜单中选择"属性"命令，如图2–217所示。

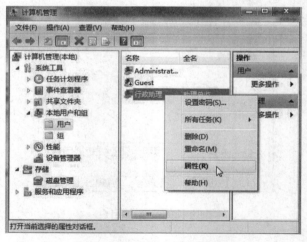

图2–217　选择"属性"命令

⑤弹出"行政助理 属性"对话框，勾选"账户已禁用"复选框，单击"确定"按钮，如图2–218所示。

⑥返回"计算机管理"窗口，可以看到"行政助理"用户图标出现禁用标记，如图2–219所示，完成限制用户本地登录操作。

图 2 – 218 "行政助理 属性"对话框

图 2 – 219 "计算机管理"窗口

温馨提示

　　禁用"行政助理"账户以后，再登录本台计算机的时候，系统不再显示"行政助理"账户，只有解除账户禁用，该账户才有权继续使用本计算机。

项目总结

　　通过本项目的学习，掌握如何新建本地用户账户、更改账户设置、新建本地组、向组中添加用户、限制用户本地登录等。

项目 7

附件的使用

基本信息	姓名		学号		班级		总评成绩	
	规定时间	30 min	完成时间		考核日期			

任务工单	序号	步骤	完成情况			标准分	评分
			完成	基本完成	未完成		
	1	"记事本"的使用				20	
	2	"画图"的使用				20	
	3	"写字板"的使用				20	
	4	"计算器"的使用				10	
	5	录制和播放声音文件				10	
	6	截图工具的使用				10	
操作规范性						5	
安全						5	

✓ **项目目标**

本项目将完成"记事本"的使用、"画图"的使用、"写字板"的使用、录制和播放声音文件、计算器的使用和截图工具的使用等任务。在整个任务过程中，期望读者在操作技能方面能够掌握以下几点：

①"记事本""画图""写字板"的应用。

②录制和播放声音文件的使用。

③将实训中所用的附件工具应用到实际工作中。

✓ **项目分析**

"记事本"等工具是计算机中常用的软件，掌握它们的用法是必要的。

项目实施

2.7.1 "记事本"的使用

"记事本"是一个纯文本文件编辑器。文本由文字和数字等字符组成，其中不能包括图片和复杂的格式信息。启动方法为：单击"开始"→"所有程序"→"附件"→"记事本"菜单命令，打开"记事本"窗口，如图2-220所示。

（实为右侧二维码）

微课2-24
"记事本"的使用

图2-220 "记事本"窗口

① "记事本"窗口的组成：菜单栏，包括"文件""编辑""格式""查看""帮助"5个菜单；工作区，用于输入和编辑文本信息。

② "记事本"的基本操作：启动"记事本"后，在工作区输入如图2-221所示内容，利用菜单的功能进行字体、页面设置，并重命名，如图2-222所示。

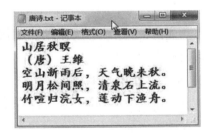

图2-221 "记事本"应用

图2-222 "记事本"设置结果

温馨提示

"记事本"的编辑功能很简单，对文字、字形和字号的设置只能通篇相同，不能对标题、段落分别设置，页面编辑也只能设置页边距，常常用来进行无格式文本的编辑。"记事本"也可用来编辑扩展名为.bat的批处理文件。

2.7.2 "画图"的使用

"画图"是Windows 10提供的位图绘制程序，它有一个绘制工具箱

微课2-25
"画图"的使用

和一个调色板，可以实现图文并茂的效果。启动方法为：单击"开始"→"所有程序"→"Windows 附件"→"画图"菜单命令，打开"画图"窗口，如图 2-223 所示。

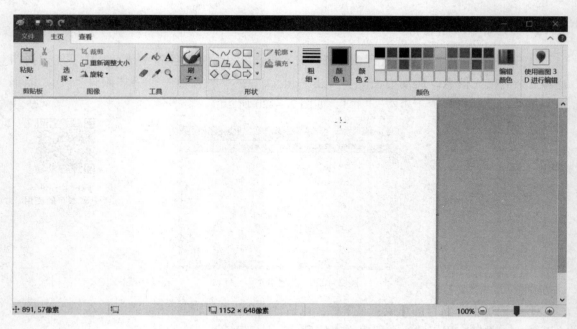

图 2-223 "画图"窗口

1. "画图"窗口的组成

自定义快速访问工具栏，允许用户将保存、撤销和重做等一些常用命令放在上面，实现快速访问；功能区，包括"剪贴板""图像""工具""形状""颜色"五个功能组；工作区，用于绘制和编辑图形图像。

2. "画图"工具的基本操作

例如，调整桌面上的文件"butterfly.jpg"的大小，使其宽 600 像素、高 800 像素，然后在桌面上保存该图像的副本。将新文件命名为"butterfly2.jpg"，不要删除原始文件。操作步骤如下：

①右击桌面上的图像"butterfly.jpg"，在弹出的快捷菜单中选择"打开方式"→"画图"命令，如图 2-224 所示。

②打开"画图"窗口，选择"图像"功能组中的"重新调整大小"选项，弹出"调整大小和扭曲"对话框，如图 2-225 所示。

③单击"像素"单选按钮，取消勾选"保持纵横比"复选框，设置水平"600"、垂直"800"，单击"确定"按钮，如图 2-226 所示。

④单击"文件"菜单，在弹出的下拉列表中选择"另存为"→"JPEG 图片"，如图 2-227 所示。

图2-224　选择"画图"命令

图2-225　选择"重新调整大小"选项

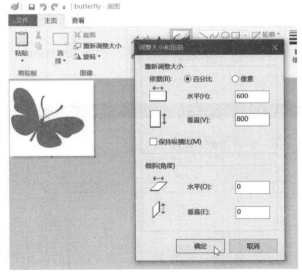

图2-226　"调整大小和扭曲"对话框

图2-227　选择"另存为"命令

⑤弹出"保存为"对话框，保存位置选择"桌面"，文件命名为"butterfly2.jpg"文件，单击"保存"按钮，如图2-228所示，操作完成。

温馨提示

如果用户对图形有更高要求，应选择专业的绘图软件完成。

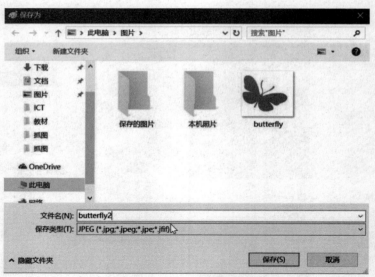

图 2 - 228 　"保存为"对话框

2.7.3 　"写字板"的使用

　　"写字板"是 Windows 10 提供的一个文字处理程序，它的功能比"记事本"强，可以实现更丰富的格式排版。启动方法为：选择"开始"→"所有程序"→"Windows 附件"→"写字板"菜单命令，打开"写字板"窗口，如图 2 - 229 所示。

微课 2 - 26
"写字板"的使用

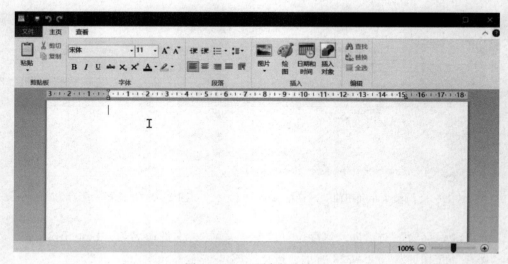

图 2 - 229 　"写字板"窗口

　　1. "写字板"窗口的组成

　　自定义快速访问工具栏，允许用户将保存、撤销和重做等一些常用命令放在上面，实现快速访问；功能区，包括"剪贴板""字体""段落""插入""编辑"五个功能组；工作区，用于编辑文档。

2. "写字板"的基本操作

①打开"写字板"窗口，如图2－229所示。

②单击"插入"功能组中的"图片"图标 ，或者单击"图片"下拉列表，在弹出的下拉菜单中选择"图片"选项，如图2－230所示。弹出"选择图片"对话框，选择桌面上的"大海．jpg"，单击"打开"按钮，如图2－231所示。

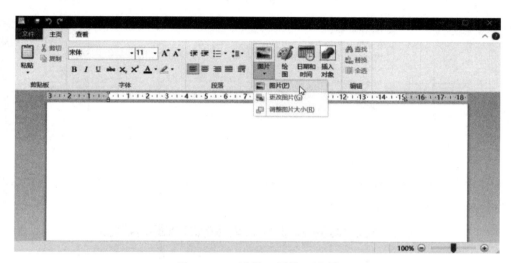

图2－230　选择"图片"选项

图2－231　"选择图片"对话框

③将图片调整至合适的大小，在图片下方的编辑区中输入一首现代诗，设置适当的字体和字号，如图2－232所示。

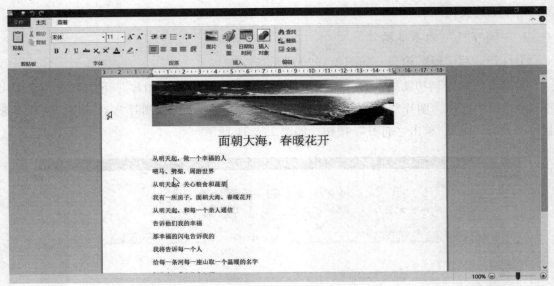

图 2 – 232 "写字板"文字录入

④单击"文件"菜单，在弹出的下拉列表中选择"保存为"，保存类型设为"文档"，文件命名为"现代诗"，如图 2 –233 所示。

图 2 –233 "保存为"对话框

温馨提示

利用"写字板"可以进行日常工作中文件的编辑，还可以用它完成图文混排，插入图片、声音、视频剪辑等多媒体资料。

2.7.4 "计算器"的使用

"计算器"在 Windows 10 中可以进行如加、减、乘、除这样简单的运

微课 2 –27
"计算器"的使用

算。计算器还提供了"科学"计算器、"程序员"计算器和"统计信息"计算器高级功能。启动方法为：单击任务栏的"搜索"→"计算器"菜单命令，打开"计算器"窗口，如图2-234所示。计算器的基本操作：

①打开"计算器"窗口，如图2-234所示。

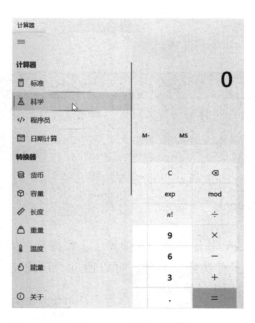

图2-234　"计算器"窗口

②单击"菜单"按钮 ，选择"科学"，如图2-235所示，切换到"科学"计算器窗口，如图2-236所示。

图2-235　选择"科学"　　　　图2-236　"科学"计算器窗口

③在"科学"计算器中，单击数字按钮"3""0"，输入数据"30"，单击"sin"按钮，计算正弦值 $\sin 30° = 0.5$，如图 2-237 所示。

图 2-237　"科学型"计算器计算结果

　　单击计算器左上方的"菜单"按钮，可以切换到其他类型，比如科学、程序员、体积、长度、质量、温度、能量等。每个类型中都有很多种功能。另外，可以通过"历史记录"查看计算过的数据；如果不需要，可以清空所有的历史计算数据。

2.7.5　录制和播放声音文件

　　可以在线录制音频或视频中的背景音乐、播放的歌曲，或者其他网

微课 2-28
录制和播放声音文件

页上的其他声音。录制和播放声音文件步骤如下：

①打开"360 安全卫士"→"软件管家"，在电脑上安装支持内录的"楼月免费 MP3 录音软件"，如图 2 – 238 所示。

②打开快捷键图标（或热键 Ctrl + Alt + R）调出软件，单击软件"文件"菜单中的"设置"选项，如图 2 – 239 所示。

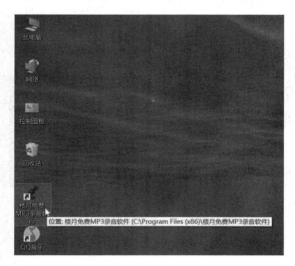

图 2 –238　楼月免费 MP3 录音软件　　　　图 2 –239　"文件"中的"设置"菜单

③在"设置"窗口中选择"仅录制从电脑播放的声音"选项，如图 2 – 240 所示，其他默认。完成后单击"确定"按钮，返回主界面窗口。

图 2 –240　仅录制从电脑播放的声音

④打开"QQ 音乐"播放软件，任意播放一首歌曲，单击"开始"按钮进行录音，录制完成后，单击"停止"按钮停止录音，如图 2 – 241 所示。

图 2 – 241　开始录制

⑤停止录制后，单击软件右侧的"查看"按钮查看已录制的音频文件，如图 2 – 242 所示。

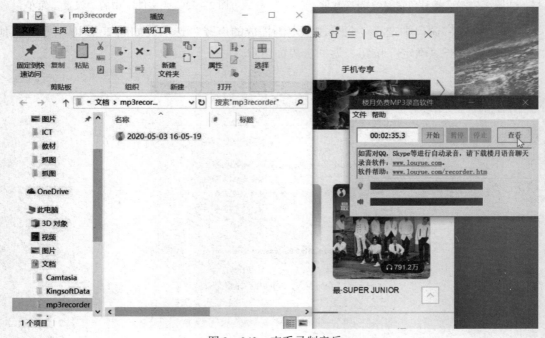

图 2 – 242　查看录制音乐

⑥保存为高保真的 MP3 文件格式，完成无损录制歌曲。

2.7.6 截图工具的使用

Windows 10 操作系统中自带截图工具，单击"开始"→"所有程序"→"附件"→"截图工具"，或同时按下 Win + Shift + S 组合键进行区域截图。选择任意区域进行截图，截图保存在剪贴板中，如图 2 – 243 所示。

1. Windows 10 窗口截图

按下 Alt + PrtSc（截屏键）组合键，截取当前在最前面正在运行的窗口，截取的图片保存在 OneDrive 下的"Pictures\屏幕快照"目录里。开启 OneDrive 同步，这些图片可以保存在同一账户，可以在 Windows 10 操作系统的任意电脑中读取。

图 2 – 243 保存到剪切板的截图

2. Windows 10 全屏截图

方法一：按下 PrtSc 键，截取屏幕显示的全部内容，截图后图片也会保存到 OneDrive。

方法二：按下电源 + 上音量组合键进行截图，截下来的图片会保存在"此电脑\图片\屏幕截图"目录中。

3. Windows 10 长网页截图

启动 Windows 10 的 Edge 浏览器，打开要截取的网页，单击工具栏右上角的"钢笔"图标，对应名称为"添加笔记"。进入笔记编辑页面，单击图标"剪辑"，然后将鼠标放置到要截取区域的左上角，按住鼠标左键一直向右下方拖动，等待页面翻动到要截取的末尾时松手，这时 Edge 会自动将已选取区域复制到剪贴板中，没有直接保存成图片文件。可以启动 Word、画图等软件工具，直接 Ctrl + V 组合键将截图粘贴，选择"文件"→"另存为"保存图片。

✓ 项目总结

通过本项目的学习，掌握"记事本""画图""写字板""计算器"等的使用，并学习如何录制和播放声音文件、如何使用截图工具。

小结

本部分通过初识 Windows 10，Windows 10 操作系统工作环境设置，文件和文件夹的操作，磁盘管理，软件的安装、卸载和使用，用户和用户组管理，附件的使用等任务的完成，使学生掌握 Windows 10 操作系统的使用。

练习与思考

1. Windows 10 会自动辨识硬件设备并安装相关驱动程序，方便该硬件设备能立即使用。（　　）

A. 正确　　　　　　　　　　　　　B. 错误

2. 在 Windows 10 中，文件名中不可以包含空格。（　　）

A. 正确　　　　　　　　　　　　　B. 错误

3. 对于全角字与半角字，全角字需要 2 B，而半角字只需 1 B。（　　）

A. 正确　　　　　　　　　　　　　B. 错误

4. 全球定位系统主要是利用红外线作为传输媒介。（　　）

A. 正确　　　　　　　　　　　　　B. 错误

5. 管理计算机电量使用方式的硬件和系统设置集合的名称是（　　）。

A. 使用计划　　　　B. 电源计划　　　　C. 适当计划　　　　D. 电池计划

6. 下列操作系统中，属于移动操作系统的是（　　）。

A. Linux　　　　B. UNIX　　　　C. Android　　　　D. Windows 10

7. 将文件从一个位置移除，然后放置到另一个位置时使用的命令是（　　）。

A. 复制　　　　B. 粘贴　　　　C. 剪切　　　　D. 删除

8. 以下关于操作系统的叙述中，错误的是（　　）。

A. UNIX 属于多用户操作系统　　　　B. Linux 是代码开源的操作系统

C. Windows Server 属于网络操作系统　　　　D. Mac OS 属于单任务系统

9. 更新计算机的操作系统后，当前安装的软件将不再运行。以下可以使用户在新的 Microsoft 操作系统中继续使用旧的软件程序是（　　）。

A. 任务管理器　　　　　　　　　　B. 安装修复

C. 重新安装程序　　　　　　　　　　D. 程序兼容性向导

10. 以下关于在安全模式中的操作，说法正确的是（　　）。

A. 网络服务已启动

B. 操作系统加载基本文件、服务和驱动程序

C. 鼠标和存储设备将无法正常使用

D. 启动命令提示符而非操作系统

11. 下列软件中，属于系统软件的是（　　）。

A. C++ 编译程序　　　　B. Excel 2010　　　　C. 学籍管理系统　　　　D. 财务管理系统

12. 若计算机在使用中需经常复制及删除文件，应定期运行的程序是（　　　）。

A. 碎片整理工具

B. 磁盘扫描工具

C. 病毒扫描程序

D. 磁盘压缩程序

13. 压缩文件的效果是（　　　）。

A. 创建一个较小的文件

B. 分析正在使用的磁盘空间

C. 将一个文件分成多个

D. 检测可能有病毒的计算机文件

14. 以下软件可轻松实现对少量数据进行各种计算及管理财务数据的是（　　　）。

A. 数据库　　　　　　B. 电子表格　　　　　C. 演示文稿程序　　　D. 文字处理程序

15. 当计算机从硬盘读取数据后，将数据暂时储存在（　　　）。

A. 随机存取内存（RAM）

B. 只读存储器（ROM）

C. 高速缓存（Cache）

D. 缓存器（Register）

16. BIOS被存储在（　　　）。

A. 硬盘存储器　　　　B. 只读存储器　　　　C. 光盘存储器　　　　D. 随机存储器

17. 当执行Windows 10的个人计算机出现死机，没有响应，但用户却有尚未存盘的数据时，较适合的选择有（　　　）。（选择两项）

A. 直接拔除电源

B. 重复按下NumLock键或CapsLock键，查看键盘上的LED灯，看看是否随着一亮一灭，以确认键盘可作用

C. 按下Reset键，执行热启动

D. 若键盘有作用，则尝试调出"任务管理器"，结束没有响应的程序

18. 利用Windows 10附件中的"画图"应用程序，可以打开的文件类型包括（　　　）。（选择三项）

A. BMP　　　　　　　B. GIF　　　　　　　　C. WAV　　　　　　　D. JPEG

E. MOV

19. 下列选项中可作为打印机接口的是（　　　）。（选择两项）

A. HDMI　　　　　　B. USB　　　　　　　　C. COM1　　　　　　　D. DVI

E. LPT1

20. 下列设备中属于输入设备的是（　　　）。（选择两项）

A. 耳机　　　　　　　B. 鼠标　　　　　　　C. 扫描仪　　　　　　D. 打印机

E. 投影仪

21. 在Windows 10中，最大化窗口的方法是（　　　）。（选择两项）

A. 单击"最大化"按钮

B. 双击标题栏

C. 单击"还原"按钮

D. 拖曳窗口至屏幕左侧

22. 下列主要应用于智能型手机、平板计算机、GPS车用导航计算机的操作系统是（　　　）。（选择两项）

A. Android

B. Windows 10

C. Windows XP

D. Windows Mobile

23. 在 Windows 10 中，将以下要完成的任务和相应的设置选项进行对应。

更改账号图片
调整屏幕分辨率
连接到投影仪
更改高级共享设置

24. 在 Windows 10 中，将图标和相应的中文进行对应。

帮助和支持主页
打印
浏览帮助
了解有关其他支持选项的信息

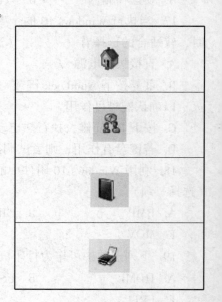

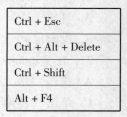

25. 在 Windows 10 中，将下列要完成的任务和所对应的快捷键进行匹配。

系统长时间不响应用户的要求，要结束该任务	Ctrl + Esc
打开"开始"菜单	Ctrl + Alt + Delete
关闭正在运行的程序窗口	Ctrl + Shift
实现各种输入方式的切换	Alt + F4

第三部分
Internet 与网络基础

⮂ 描述

当今社会正处在高速发展的信息化时代，个人电脑与智能手机已走进千家万户，通过网络可以实现计算机和智能终端的硬件、软件和信息的资源共享，实现各种数据和信息的相互交换，还可以通过网络将一个大型复杂的计算问题分配给网络中的多台计算机来分工协作完成等。计算机网络与移动通信在过去的几十年里深入社会的各个层面，对科学、技术、经济、产业、个人生活和工作等许多方面都产生了质的影响。

⮂ 分析

本部分通过局域网的组建与应用、宽带的安装与设置、Edge 浏览器的设置与使用、电子邮件的使用、微信和 Skype 的使用、杀毒软件的安装与使用，使读者掌握相关的网络知识与操作技能。

⮂ 相关知识和技能

计算机网络的概念，浏览器的使用技能，移动通信的知识。

项目 1

局域网的组建与应用

微课 3 – 1
制作双绞线

基本信息	姓名		学号		班级		总评成绩	
	规定时间	30 min	完成时间		考核日期			

	序号	步骤	完成情况			标准分	评分
			完成	基本完成	未完成		
任务工单	1	准备工具				10	
	2	制作网线				15	
	3	安装网卡				15	
	4	连接局域网硬件				10	
	5	完成局域网接入配置				10	
	6	查看网络连接状态				10	
	7	更改网络连接模式				10	
	8	在局域网中共享、访问软硬件资源				10	
操作规范性						5	
安全						5	

✓ 项目目标

本项目将完成一台个人计算机在局域网中的接入配置。期望读者掌握以下操作技能：
①制作网线。
②完成局域网设置与测试。
③共享及访问局域网中的资源。

✓ 项目分析

①准备工具。

②制作网线。

③释放身上静电，安装网卡。

④连接局域网的硬件。

⑤完成局域网的接入配置。

⑥查看网络连接状态。

⑦在局域网中共享、访问软硬件资源。

✓ 知识准备

掌握制作网线的方法、电脑在局域网中的接入配置的方法、测试网络连接状态的方法。

✓ 项目实施

3.1.1 准备工具

1. 双绞线压线钳

双绞线压线钳用于压接 RJ-45 接头（即水晶头），此工具是制作双绞线网线的必备工具。通常压线钳根据压脚的多少，分为 4P、6P、8P 几种型号，网络双绞线必须使用 8P 的压线钳，如图 3-1 所示。

2. 双绞线测试仪

一般的双绞线测试仪可以通过使用不同的接口和不同的指示灯来检测双绞线。测试仪有

图 3-1 双绞线压线钳

两个可以分开的主体，方便连接不在同一房间或者距离较远的网线的两端，如图 3-2 所示。

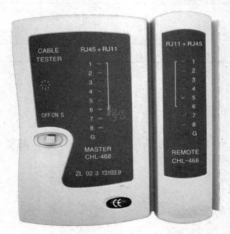

图 3-2 双绞线测试仪

3. RJ – 45 水晶头

所谓双绞线缆的制作，就是将双绞线的两端与专用的端头连接的过程，此专用端头通常称为水晶头。用于局域网连接的水晶头为 RJ – 45 水晶头，如图 3 – 3 所示；用于电话线缆连接的为 RJ – 11 水晶头，如图 3 – 4 所示。

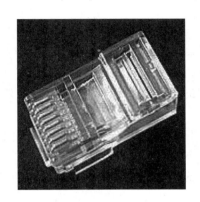

图 3 – 3　RJ – 45 水晶头　　　　　　　图 3 – 4　RJ – 11 水晶头

3.1.2　制作网线

制作双绞线网线就是给双绞线的两端压接上 RJ – 45 连接头。通常每条双绞线的长度不超过 100 m。连接方法有两种：正常连接和交叉连接。

1. 正常连接（T568B）

正常连接是将双绞线的两端分别依次按橙白、橙、绿白、蓝、蓝白、绿、棕白、棕的顺序（这是国际 EIA/TIA 568B 标准，也是当前公认的 10Base – T 及 100Base – TX 双绞线的制作标准）压入 RJ – 45 连接头内，如图 3 – 5 所示。这种方法制作的网线用于计算机与集线器的连接。

2. 交叉连接（T568A）

交叉连接是将双绞线的一端按国际压线标准，即橙白、橙、绿白、蓝、蓝白、绿、棕白、棕的顺序压入 RJ – 45 连接头内；另一端将芯线 1 和 3、2 和 6 对换，即依次按绿白、绿、橙白、蓝、蓝白、橙、棕白、棕的顺序压入 RJ – 45 连接头内。这种方法制作的网线用于计算机与计算机的连接或集线器的级连，如图 3 – 6 所示。

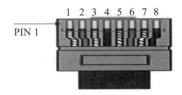
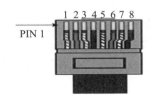

图 3 – 5　正常连接模式　　　　　　图 3 – 6　交叉连接模式

双绞线中每根芯线的作用：如果将 5 类双绞线的 RJ – 45 连接头对着自己，带金属片的一端朝上，那么从左到右各插脚的编号依次是 1 ~ 8，不管是 100 Mb/s 的网络还是 10 Mb/s 的网络，8 根芯线都只使用了 4 根。1、2、3、6 为有效线，负责传输和接收数据；4、5 用于电话；7、8 备用。插脚的作用依次为：输出数据（＋）；输出数据（－）；输入数据（＋）；保留为电话使用；保留为电话使用；输入数据（－）；保留为电话使用；保留为电话使用。

制作方法如下：

①根据实际连接需要，剪一段适当长度的双绞线。

②用压线钳将双绞线一端的外皮剥去约 2.5 cm，并将 4 对芯线呈扇形分开，从左到右顺序为橙白/橙、蓝白/蓝、绿白/绿、棕白/棕。这是刚刚剥开线时的默认顺序，如图 3 - 7 所示。

③将双绞线的芯线按连接要求的顺序排列。将 8 根芯线并拢，要在同一平面上，并且要直。

④将芯线剪齐，留下大约 1.5 cm 的长度，注意不要太长或太短。护套线内的导线预留大约 1.6 cm 的长度，该长度恰好可以让导线插进水晶头里面，如图 3 - 8 所示。

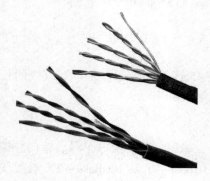

图 3 - 7　双绞线剥皮

图 3 - 8　剪齐芯线

温馨提示

如果芯线太长，芯线间的相互干扰会增强，在高速网络下会影响效率；如果太短，接头的金属片不能完全接触到芯线，会导致接触不良，使故障率增加。

⑤将双绞线插入 RJ - 45 连接头中。注意将连接头的卡榫朝下，金属铜片向前，插入双绞线的空心口对准自己，左边的第一线槽即为第一脚。

⑥检查 8 根芯线是否已经全都充分、整齐地排放在连接头的里面，如图 3 - 9 所示。用压线钳用力压紧连接头后取出即可，如图 3 - 10 所示。

⑦重复上面的步骤，制作另一端的连接头。一根双绞线网线就制作完成了，使用测线仪进行线路测试。

图3-9　连接水晶头　　　　　　　　　　图3-10　压紧水晶头

3.1.3　设置网卡

网卡是网络接口卡（Network Interface Card，NIC）的简称，它是局域网最基本的组件之一。网卡安装在网络计算机和服务器的扩展槽中，充当计算机和网络之间的物理接口，因此可以简单地说网卡就是接收和传送数据的桥梁。网卡根据传输速率，可分为10 Mb/s网卡（ISA插口或PCI插口）、100 Mb/s PCI插口网卡、10/100 Mb/s自适应网卡和千兆网卡。下面介绍设置网卡的操作方法。

1. 安装网卡

安装网卡与安装其他接口卡（如显示卡、声卡）一样，具体操作的方法如下：

①将双手触摸一下其他金属物体，释放身上的静电，以防烧坏主板及其他设备。

②关闭计算机及其他外设的电源，注意不要带电操作，将计算机背面的接线全部拔掉。

③卸掉主机外壳螺丝，缓缓地将外壳向外拉出，打开主机机箱。

④从防静电袋中取出网卡，将网卡插入空的与其相匹配的主板插槽中，使网卡上面的一个螺丝孔正好贴在机箱的接口卡固定面板上，并且与接口卡固定面板上的孔也很接近，拧上螺丝固定，如图3-11所示。

图3-11　安装网卡

⑤装上机壳，拧上螺丝，并将先前拆下的机箱后面的接线连接好。

2. 设置网卡驱动程序

网卡安装完成后，一般情况下Windows 10系统集成了许多网卡芯片的驱动，所以网卡插入电脑后即可直接使用，无须手工安装驱动。如果网卡无法被系统识别，重新开机时没有找到网卡，这时可以手工添加网卡驱动程序，方法如下：

①在桌面上右击"此电脑"图标，在快捷菜单中选择"属性"，在弹出的"系统"窗口中选择"设备管理器"，如图3-12所示。

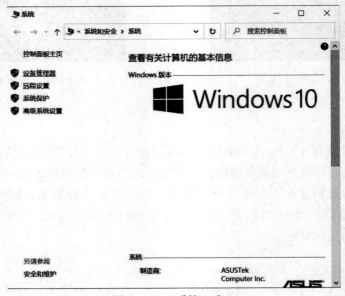

图3-12 "系统"窗口

②在弹出的"设备管理器"窗口中，右击"网络适配器"，选择"扫描检测硬件改动（A）"，如图3-13所示。

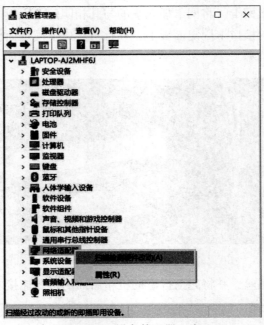

图3-13 "设备管理器"窗口

③右击检测到的新安装的网卡，在快捷菜单中选择"属性"，如图3-14所示。在弹出的"属性"窗口中选择"驱动程序"选项卡，如图3-15所示。

图3-14 选择"属性"

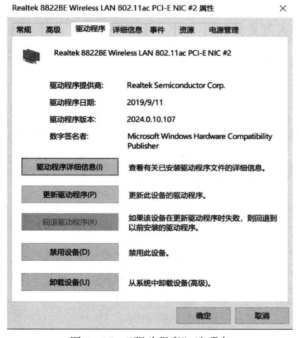

图3-15 "驱动程序"选项卡

④单击"更新驱动程序"按钮，按照更新驱动程序向导的提示完成更新驱动程序的操作。

3.1.4 连接局域网硬件

星形局域网的拓扑结构中，各节点通过点到点的方式连接到一个中央节点（一般是集线器或交换机），如图3－16所示。本项目中每台计算机都用一根双绞线同集线器连接，即用双绞线一端的RJ－45连接头插入计算机背面网卡的RJ－45插槽内；用另一端的RJ－45连接头插入集线器的其余RJ－45插槽内。在插入过程中，会听到"喀"的一声，表示RJ－45连接头已经插好了。

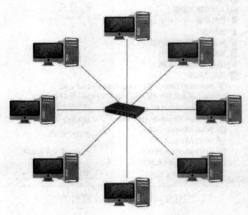

图3－16 星形局域网

3.1.5 完成局域网接入配置

完成组建局域网的硬件设备的安装和连接后，还要添加网络协议，完成局域网的接入配置。其具体操作如下：

1. 设置网络协议

①打开"控制面板"，单击"网络和Internet"图标，打开如图3－17所示的窗口，单击"网络和共享中心"，打开如图3－18所示的窗口，单击"连接：WLAN2（TP－LINK_4C0A）"，打开"WLAN2状态"对话框，如图3－19所示。

图3－17 "网络和Internet"窗口

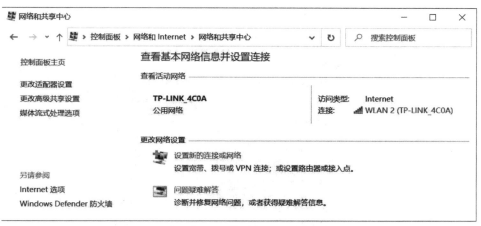

图 3 - 18 "网络和共享中心"窗口

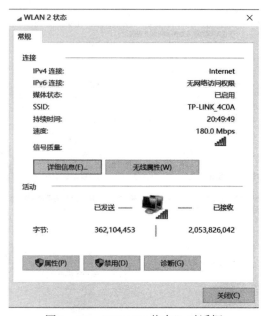

图 3 - 19 "WLAN2 状态"对话框

②单击"属性"按钮，弹出"WLAN 2 属性"对话框。在"此连接使用下列项目"列表框中选中"Internet 协议版本 4（TCP/IPv4）"选项，如图 3 - 20 所示。

③单击"属性"按钮，弹出如图 3 - 21 所示的"Internet 协议版本 4（TCP/IPv4）属性"对话框。按要求设置好本地计算机的网络协议，选择"使用下面的 IP 地址"和"使用下面的 DNS 服务器地址"，分别输入相应地址和子网掩码，如图 3 - 22 所示。

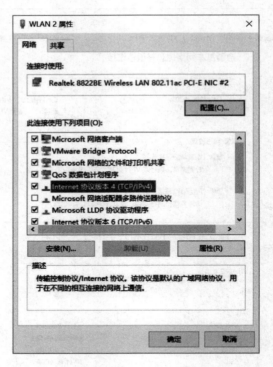

图 3 - 20　"WLAN 2 属性"对话框

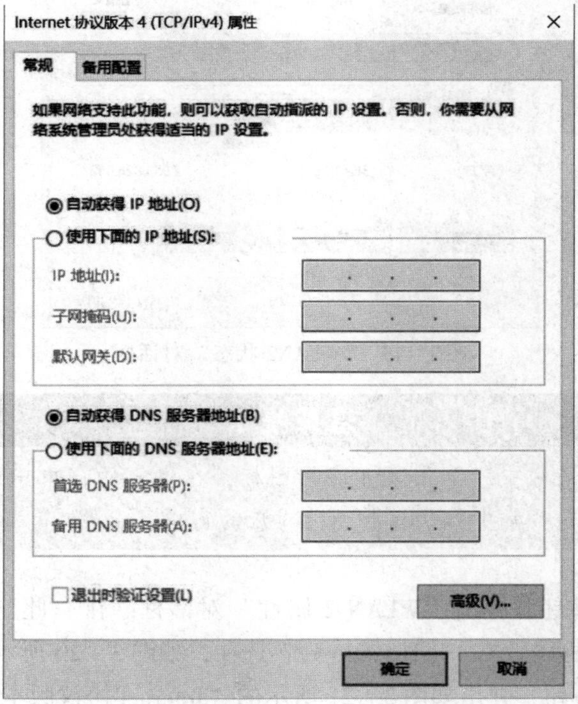

图 3 - 21　"Internet 协议版本 4（TCP/IPv4）属性"对话框

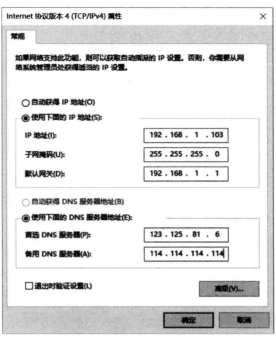

图 3 - 22　设置 TCP/IP 协议

④单击"确定"按钮，返回"本地连接 属性"对话框，再单击"关闭"按钮。

2. 标识计算机所属的工作组

①右击桌面"此电脑"图标，单击快捷菜单中的"属性"命令，弹出"系统"窗口，单击"高级系统设置"选项，弹出"系统属性"对话框，如图 3 - 23 所示。

图 3 - 23　"系统属性"对话框

②选择"计算机名"选项卡，输入本地计算机名称，单击"更改"按钮，弹出"计算机名/域更改"对话框，本例将计算机名改为"user1"，如图3-24所示。

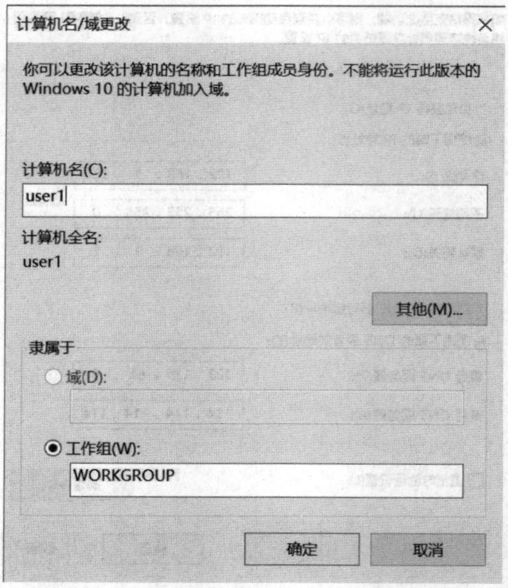

图3-24 "计算机名/域更改"对话框

③在"工作组"文本框中可以更改计算机所在的工作组名称，本例采用默认的"WORKGROUP"。若更改计算机名和工作组名称，系统会提示重新启动后更改生效，可立即重启，也可稍后重启。

3.1.6 查看网络连接状态

①单击任务栏右侧的网络连接图标 ，打开网络连接列表，如图3-25所示。

图3-25 网络连接列表

②在列表中可以查看当前的网络连接状态，若暂时不想连网，可单击"断开连接"按钮，若想恢复连网，可单击"连接"按钮。

3.1.7　更改网络连接模式

①右击任务栏右侧的网络连接图标，在弹出的快捷菜单中选择"打开网络和 Internet"设置，弹出"网络和 Internet"设置对话框，如图 3 – 26 所示。

图 3 – 26　"网络和 Internet"设置对话框

②单击"更改连接属性"命令，弹出"TP – LINK_4C0A"设置对话框，选择"网络配置文件"下面的"专用"选项。此选项适用于信任的网络，例如在家中或在工作单位，可以发现你的电脑，如果进行设置，可以将其用于打印机和文件共享，如图 3 – 27 所示。

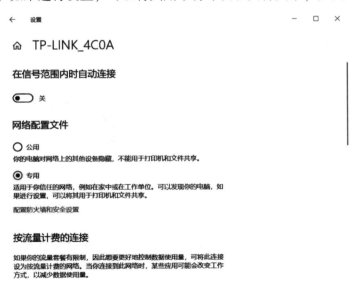

图 3 – 27　设置"网络配置文件"

3.1.8　在局域网中共享、访问软硬件资源

1. 设置共享文件夹

①在 D 盘上建立名为"teacher"的文件夹，内设"计算机 .txt"文件，右击"teacher"文件夹，在弹出的快捷菜单中选择"授予访问权限"→"特定用户"命令，如图 3 – 28 所示。

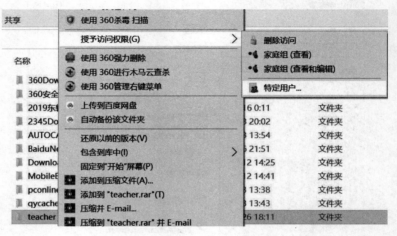

图 3 – 28　选择"特定用户"

②弹出"网络访问"对话框，在下拉列表中选择"Everyone"，单击"添加"按钮，将其添加到下面的列表框中，单击"共享"按钮，如图 3 – 29 所示，返回上一级对话框，单击"完成"按钮，"teacher"文件夹即设为共享。

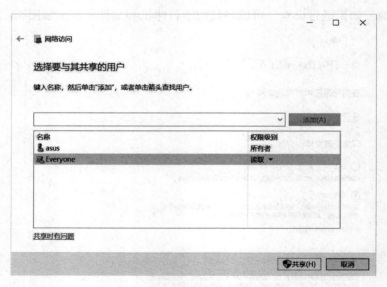

图 3 – 29　添加共享的用户

默认情况下，Windows 的本地安全设置要求进行网络访问的用户全部采用来宾方式。同时，在 Windows 安全策略的用户权限分配中又禁止 Guest 用户通过网络访问系统。这样两条相互矛盾的安全策略导致网内其他用户无法通过网络访问使用 Windows 的计算机。

可解除对 Guest 账号的限制。单击"开始"→"运行"，在"运行"对话框中输入"GPEDIT. MSC"，打开组策略编辑器，依次选择"计算机配置"→"Windows 设置"→"安全设置"→"本地策略"→"用户权限分配"，双击"拒绝从网络访问这台计算机"策略，删除里面的"GUEST"账号，这样其他用户就能够用 Guest 账号通过网络访问使用 Windows 系统的计算机了。

2. 读取网络共享的文件

①进入"控制面板"→"网络和 Internet"窗口，单击"网络和共享中心"下面的"查看网络计算机和设备"命令，如图 3 - 30 所示。

图 3 - 30　单击"查看网络计算机和设备"

②打开"网络"窗口，计算机"USER1"是本机，"HF - 20130221CXRB"是同一网络要访问的计算机，如图 3 - 31 所示。双击"HF - 20130221CXRB"，在打开的窗口中显示了该计算机中共享的文件夹，如图 3 - 32 所示。此时可进入共享文件夹读取里面的内容。

图 3 - 31　"网络"窗口

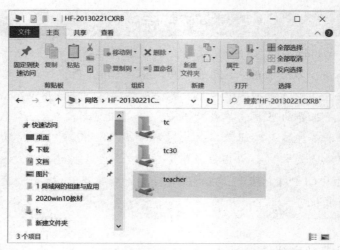

图 3 – 32　共享文件夹窗口

> **温馨提示**
>
> 　　想快速访问指定机器的资源，可单击"开始"菜单，选择"运行"，输入\\ + 对方 IP。

3. 设置网络共享打印机

（1）在 Windows 7 系统中

①进入"控制面板"→"硬件和声音"→"设备和打印机"窗口，如图 3 – 33 所示。

图 3 – 33　"设备和打印机"窗口

　　②右击打印机图标，在弹出的快捷菜单中单击"打印机属性"命令。弹出打印机属性对话框，选择"共享"选项卡，勾选"共享这台打印机"复选框，在下面的"共享名"文本框中可设置该打印机在局域网中的名称，如图 3 – 34 所示。

图 3 – 34   设置共享打印机

③完成设置后，单击"确定"按钮。如果无法保存打印机设置，可进入"计算机管理"，将"Windows Firewall"的服务状态设置为"启动"，保存打印机共享设置就可以了。

（2）在 Windows 10 系统中

①在 Windows 10 系统的计算机"USER1"上，打开"网络"窗口，双击计算机"HF – 20130221CXRB"，在打开的窗口中显示了该计算机中共享的打印机和文件夹，如图 3 – 35 所示。

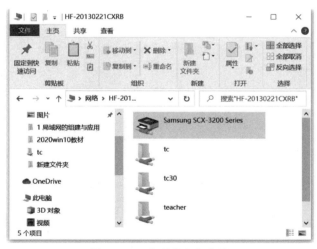

图 3 – 35   查看共享打印机

②双击网络共享打印机 Samsung，系统自动安装网络共享打印机的驱动程序，安装完成后打印机即可使用，如图 3 – 36 所示。

图 3 – 36　安装网络共享打印机的驱动程序

项目总结

　　本项目通过局域网的组建与应用，使读者掌握如何制作网线、如何连接局域网的硬件、完成局域网的接入配置，掌握在局域网中共享、访问软硬件资源。

项目 2

宽带的安装与设置

基本信息	姓名		学号		班级		总评成绩	
	规定时间	30 min	完成时间		考核日期			
任务工单	序号	步骤	完成情况			标准分	评分	
			完成	基本完成	未完成			
	1	安装宽带软硬件要求				20		
	2	安装调制解调器				50		
	3	建立新连接				20		
操作规范性						5		
安全						5		

✔ 项目目标

本项目将完成一台个人计算机使用 Modem（调制解调器）和无线路由器接入 Internet 的操作。期望读者掌握以下操作技能：

①准备工具。

②硬件连接。

③软件设置。

✔ 项目分析

①安装宽带软硬件准备。

②安装调制解调器。

③建立新连接。

✔ 知识准备

了解 Modem 工作原理，掌握 Modem 接入方式和网络接入配置的方法、检查网络连接状态的方法。

 项目实施

3.2.1 安装宽带软硬件要求

通常情况下，安装宽带上网时，如果是电话线或光纤接入，需要用到 Modem、无线路由器和网线等设备。

1. Modem

Modem（调制解调器），俗称"猫"，它能把计算机的数字信号翻译成可沿普通电话线传送的脉冲信号，而这些脉冲信号又可被线路另一端的调制解调器接收，并译成计算机可懂的语言，如图 3 – 37 所示。

图 3 – 37　Modem

2. 无线路由器

无线路由器是带有无线覆盖功能的路由器，可将宽带网络信号通过天线转发给附近的无线网络设备（笔记本电脑、支持 WiFi 的手机、平板电脑及所有带有 WiFi 功能的设备），如图 3 – 38 所示。

图 3 – 38　无线路由器

3. 网线

网线是用来连接网络设备的线缆。在局域网中常见的网线主要有双绞线、同轴电缆、光缆三种。其中，双绞线是由许多对线组成的数据传输线，如图 3 – 39 所示。

图 3 - 39　双绞线

3.2.2　安装调制解调器

如需要使用电脑或手机通过路由器无线上网，设置方法如下：

①先将 Modem 的 LAN 口网线对接到路由器的 WAN 口，然后使用网线将 LAN 口连接到计算机的网卡口处。

②在电脑 IE 地址栏里输入 IP 地址 "192.×××.×××.×××"，按下 Enter 键，即弹出登录窗口。输入用户名和密码之后，就可以进入配置界面了。用户密码及 IP 地址一般会在路由器的底部标签上标出。

③确认后进入操作界面，会在左边看到一个设置向导，单击进入（一般都是自动弹出来的）。

④单击"下一步"按钮，进行上网方式设置，有三种上网方式可供选择，一般选择 PP-PoE。选择 PPPoE 后，会弹出登录框，在框中输入宽带账号与密码即可。

⑤单击"下一步"按钮，进行无线设置，对于信道、模式、安全选项、SSID 等，一般无须理会。建议选择无线安全选项 wpa - psk/wpa2 - psk，设置无线密码。不要设置太简单的密码，以保障网络不被他人使用。

⑥单击"下一步"按钮，就可以看到设置完成的画面，单击"完成"按钮。

⑦这时路由器会自动重启，重新打开电脑和手机的无线开关，搜索无线路由名称，输入密码后即可使用。

3.2.3　建立新连接

①单击任务栏右侧的网络连接图标，打开网络连接列表。

②在列表中单击要连接的网络信号源，弹出"输入网络安全密钥"对话框，输入密钥后单击"下一步"按钮即可，如图 3 - 40 所示。

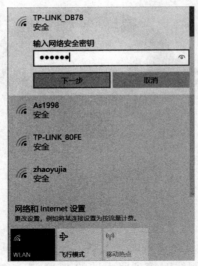

图 3 - 40　输入网络安全密钥

项目总结

　　本项目通过宽带软硬件的准备、安装调制解调器及在电脑上建立新的网络连接，使读者掌握宽带的安装与设置的使用方法。

项目 3

Edge 浏览器的设置与使用

基本信息	姓名		学号		班级		总评成绩	
	规定时间	30 min	完成时间		考核日期			
任务工单	序号		步骤	完成情况			标准分	评分
				完成	基本完成	未完成		
	1		设置 Edge 浏览器				30	
	2		使用 Edge 浏览器浏览 Internet 信息				20	
	3		网络资源的搜索与下载				20	
	4		管理收藏夹与清除历史记录				20	
操作规范性							5	
安全							5	

✓ 项目目标

本项目通过使用 Edge 浏览器，进行浏览、查找与保存网络资源的操作。期望读者掌握以下操作技能：

①对 Edge 浏览器的参数进行设置。

②学习掌握 Edge 浏览器基本的使用方法。

③能应用 Edge 浏览器浏览网页、下载文件。

④对 Edge 浏览器的收藏夹等进行管理。

✓ 项目分析

①设置 Edge 浏览器。

②使用 Edge 浏览互联网信息。

③查询与下载网络资源。

④管理收藏夹与历史记录。

知识准备

Microsoft Edge 是 2015 年微软公司推出的新一代网页浏览器并内置于最新的操作系统 Windows 10 版本中。Microsoft Edge 浏览器功能丰富，支持内置 Cortana（微软小娜）语音功能；内置了阅读器、笔记和分享功能；设计注重实用和极简主义。

项目实施

3.3.1 设置 Edge 浏览器

1. 设置主页

主页是指浏览器打开时首先连接的站点。在默认的情况下，主页是微软的网页。可以把喜欢的网页或者经常访问的网页设为主页。例如将主页设为"渤海船舶职业学院"的首页 http://www.bhcy.cn，其操作步骤如下：

①打开 Edge 浏览器，单击工具栏右侧的"设置及其他"图标 ，在弹出的下拉菜单中单击"设置"命令，如图 3–41 所示，弹出"常规"对话框，如图 3–42 所示。

图 3–41　单击"设置"命令

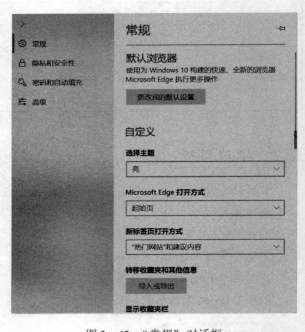

图 3–42　"常规"对话框

②展开"Microsoft Edge 打开方式"下拉列表，单击"特定页"选项，在下方的文本框中直接输入 URL 网址"http://www.bhcy.cn"，单击右侧的"保存"按钮，如图 3–43 所示。

图3－43　设置主页对话框

③设置完成后，下次再打开 Microsoft Edge 浏览器时，显示"渤海船舶职业学院"为主页。

2. 使用 InPrivate 窗口

用户在网上冲浪时，会留下浏览历史记录，这是浏览器存储在电脑上的信息。为了帮助提升体验，这里包括输入表单中的信息、密码和访问过的站点。但是，如果使用的是共享或公共电脑，为防止泄露隐私，可以使用 InPrivate 窗口，则浏览完网页后，浏览数据不会保存在设备上。

①打开 Edge 浏览器，单击工具栏右侧的"设置及其他"图标⋯，在弹出的下拉菜单中单击"新建 InPrivate 窗口"命令，如图3－44所示。

②打开 InPrivate 窗口，如图3－45所示。如果使用 InPrivate 标签页，则关闭所有 InPrivate 标签页后，Microsoft Edge 将从设备上删除临时数据，在搜索栏中输入搜索关键字或输入网址即可。

3. 隐私和安全性设置

想在上网时保护自己的隐私并使自己的电脑免受恶意网站的危害，可设置隐私和安全性，其操作步骤如下：

①打开 Edge 浏览器，单击工具栏右侧的"设置及其他"图标⋯，在弹出的下拉菜单中单击"设置"命令，在弹出的界面左侧单击"隐私和安全性"选项，界面右侧显示"隐私和安全性"对话框，如图3－46所示。

图3-44 "新建InPrivate窗口"
命令

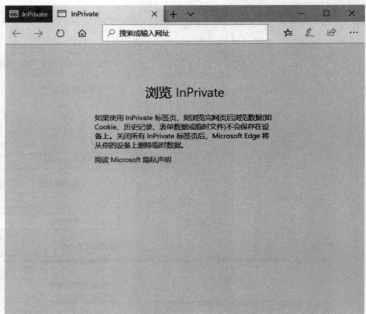

图3-45 InPrivate窗口

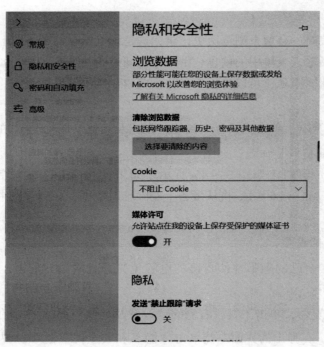

图3-46 "隐私和安全性"对话框

②在"清除浏览数据"下方，单击"选择要清除的内容"按钮，弹出"清除浏览数据"对话框，勾选要清除的复选框内容，单击下面的"清除"按钮，如图3-47所示。

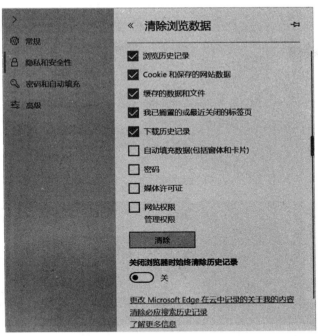

图 3 –47 "清除浏览数据"对话框

温馨提示

Cookie，指某些网站为了辨别用户身份、进行 session 跟踪而存储在用户本地终端上的数据（通常经过加密）。网站可以利用 Cookie 跟踪统计用户访问该网站的习惯，比如什么时间访问，访问了哪些页面，在每个网页的停留时间等。利用这些信息，一方面，可以为用户提供个性化的服务；另一方面，也可以作为了解所有用户行为的工具。Cookie 包含了一些敏感信息：用户名，计算机名，使用的浏览器和曾经访问的网站。如果用户不希望这些信息泄露出去，可以通过滑块选择相应的级别来管理 Cookie。

③在"隐私和安全性"对话框中向下移动滚动条，找到"安全性"选项组，将"阻止弹出窗口"和"Windows Defender SmartScreen"选项设置为"开"状态，可让电脑免受恶意网站和下载内容的危害，如图 3 –48 所示。

4. 设置"密码和自动填充"

①打开 Edge 浏览器，单击工具栏右侧的"设置及其他"图标 …，在弹出的下拉菜单中单击"设置"命令，在弹出的界面的左侧单击"密码和自动填充"选项，在界面右侧显示"密码和自动填充"对话框，如图 3 –49 所示。

②将"密码"下面的"保存密码"设置为"开"的状态，单击下面的"管理密码"按钮，弹出"管理密码"对话框，如图 3 –50 所示。

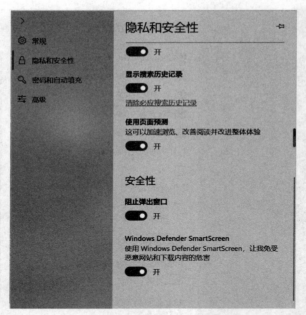

图 3 – 48　设置"安全性"

③单击"已保存的密码"下面的条目"bhcy.cn"，弹出"bhcy.cn"对话框，如图 3 – 51 所示，可对用户名和密码做进一步设置，单击"保存"按钮即可。

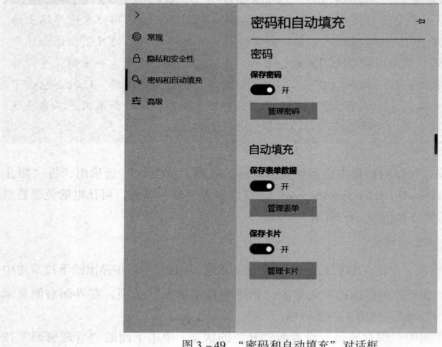

图 3 – 49　"密码和自动填充"对话框

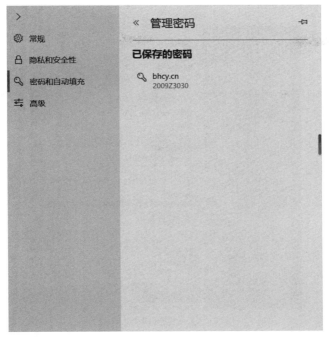

图 3 – 50　"管理密码"对话框

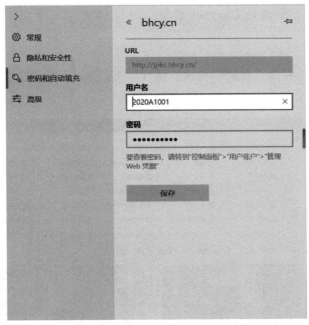

图 3 – 51　设置用户名和密码

5. 设置"高级"选项

①打开 Edge 浏览器，单击工具栏右侧的"设置及其他"按钮 ⋯ ，在弹出的下拉菜单中单击"设置"命令，在弹出的界面左侧单击"高级"选项，界面右侧显示"高级"对话

框，如图 3 – 52 所示。

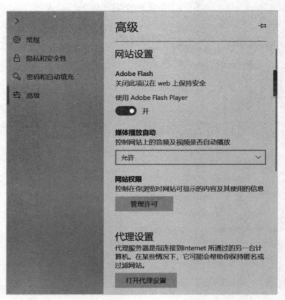

图 3 – 52　"高级"对话框

②在"高级"对话框中可进行网站设置和代理设置。

3.3.2　使用 Edge 浏览器浏览 Internet 信息

1. 启动 Edge

连接到互联网后，单击"开始"菜单，选择"Microsoft Edge"，或双击桌面上 Microsoft Edge 图标，都可以启动如图 3 – 53 所示的 Edge 浏览器。

图 3 – 53　Edge 浏览器窗口

2. 使用 Edge 浏览器浏览信息

①在地址栏中输入要访问的网址，这里输入中国教育和科研计算机网的网址“http://www.edu.cn/”，则链接后的窗口如图 3－54 所示。

图 3－54 中国教育和科研计算机网主页

②在图 3－54 中，单击页面中的“高校科技”，链接到新页面，再单击“高校科研”，又链接到新页面，如图 3－55 所示。单击网页上的任何超链接，就可以打开其相关的页面。

图 3－55 “高校科研”页面

③单击工具栏右侧的“阅读视图”按钮，进入阅读视图状态，可以进行“文本选择”“朗读此页内容”“学习工作”等选项设置，如图 3－56 所示。

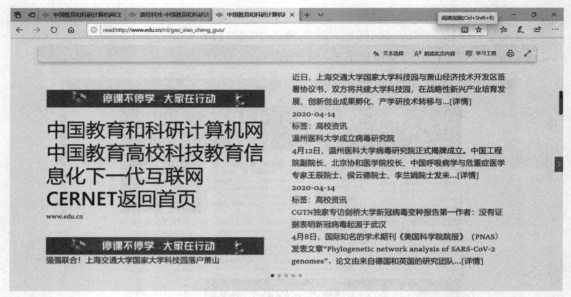

图 3 - 56　阅读视图状态

　　④单击工具栏中的"添加备注"按钮，进入添加备注状态，可以对网页添加备注信息，如图 3 - 57 所示。

图 3 - 57　添加备注状态

3.3.3　网络资源的搜索与下载

　　搜索引擎（search engine）就是根据用户需求与一定算法，运用特定策略从互联网检索出指定信息并反馈给用户的一种检索技术。搜索引擎依托于多种技术，如网络爬虫技术、检索排序技术、网页处理技术、大数据处理技术、自然语言处理技术等，为信息检索用户提供快速、高相关性的信息服务。搜索引擎技术的核心模块一般包括爬虫、索引、检索和排序等，同时可添加其他一系列辅助模块，以便为用户创造更好的网络使用环境。

常用的中文搜索引擎有百度（https://www.baidu.com/）、360 搜索（https://www.so.com/）等。常用的英文搜索引擎有 Google（http://www.google.cn/）、Bing（https://cn.bing.com/）等。

1. 搜索图片并下载

①启动 Edge 浏览器，在地址栏中输入"https://www.baidu.com/"，按 Enter 键，浏览器窗口中将打开"百度"的网页，如图 3–58 所示。

图 3–58　百度的网页

②在"百度"的搜索栏中输入"大海图片"，显示百度搜索的结果，如图 3–59 所示。

图 3–59　"大海图片"搜索结果

③右击选好的图片，在弹出的快捷菜单中选择"将图片另存为"命令，如图 3–60所示。

④在弹出的"另存为"对话框中选择保存位置，文件名命名后，单击"保存"按钮进行保存设置，如图3-61所示。

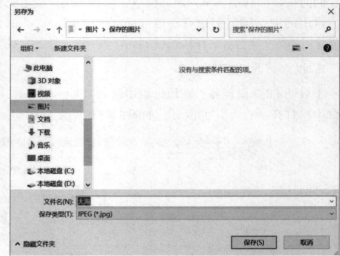

图3-60　选择"将图片另存为"　　　　　　图3-61　"另存为"对话框

2. 搜索应用软件并下载

①启动Edge浏览器，在地址栏中输入"https://www.baidu.com"，按Enter键，浏览器窗口中将打开"百度"的主页，在搜索框中输入"QQ软件"，立即就可以看到搜索结果，如图3-62所示。

图3-62　"QQ软件"搜索结果

②在图3-62所示的搜索结果页面中，单击第一个搜索结果。打开如图3-63所示的"腾讯电脑管家"网页。

图3-63 "腾讯电脑管家"网页

③在图3-63所示的网页中，单击"立即下载"按钮，网页底部弹出运行或保存的对话框，单击"保存"按钮，即可将文件下载到电脑。

④下载完毕后，可以单击"打开"按钮运行下载的文件，也可以单击"取消"按钮以后再运行。

3.3.4 管理收藏夹与清除历史记录

1. 管理收藏夹

①单击Edge浏览器工具栏右侧的"收藏夹"图标 ⭐，打开"收藏夹"对话框，如图3-64所示。

②在"收藏夹"对话框中，单击"创建新的文件夹"图标 🗁，系统会新建一个文件夹，将其命名为"高校"，如图3-65所示，按Enter键结束。

③在浏览器地址栏中输入"http://www.bhcy.cn"，按Enter键，打开"渤海船舶职业学院"主页，单击地址栏右侧的"添加到收藏夹或阅读列表"图标 ☆，打开收藏夹添加对话框，设置名称为"渤海船舶职业学院"，保存位置为"高校"文件夹，单击"添加"按钮，如图3-66所示。

微课3-2
管理收藏夹与
清除历史记录

2. 清除历史记录

①单击Edge浏览器工具栏右侧的"设置及其他"图标 …，在弹出的下拉菜单中单击"历史记录"命令，打开"历史记录"对话框，如图3-67所示。

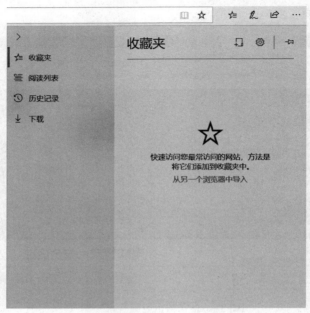

图 3 – 64　"收藏夹"对话框

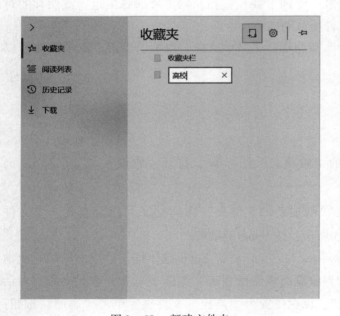

图 3 – 65　新建文件夹

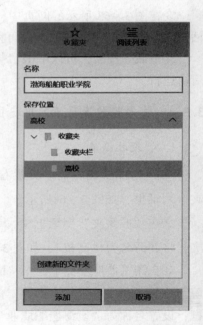

图 3 – 66　收藏夹添加网址

②可右击"历史记录"列表中的某一项，在弹出的快捷菜单中单击"删除"命令，也可单击"清除历史记录"命令，打开"清除浏览数据"对话框，选择想要清除的条目，单击"清除"按钮，如图 3 – 68 所示。

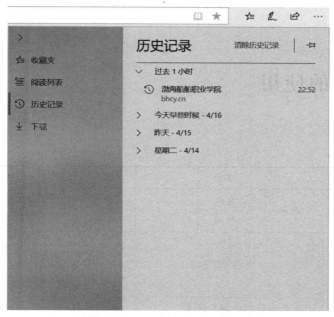

图 3 - 67　"历史记录" 对话框

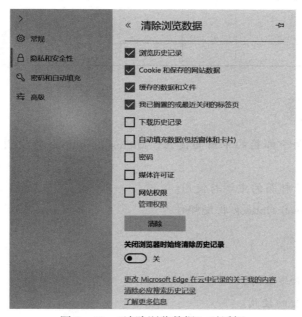

图 3 - 68　"清除浏览数据" 对话框

项目总结

　　本项目通过使用 Edge 浏览器进行浏览、查找与保存网络资源的操作，使读者掌握 Edge 浏览器基本的使用方法，提高使用 Edge 浏览器的效率。

项目 4
电子邮件的使用

基本信息	姓名		学号		班级		总评成绩	
	规定时间	30 min	完成时间		考核日期			
任务工单	序号		步骤		完成情况		标准分	评分
				完成	基本完成	未完成		
	1	电子邮箱的申请与使用					45	
	2	Microsoft Outlook 2016 的使用					45	
操作规范性							5	
安全							5	

✓ 项目目标

本项目通过完成电子邮箱的申请与使用、Microsoft Outlook 的使用。期望读者掌握以下操作技能：

①完成某网站电子邮箱的申请与使用。

②学会使用 Microsoft Outlook 收发邮件。

✓ 项目分析

①电子邮箱的申请与使用。

②Microsoft Outlook 的使用。

✓ 知识准备

电子邮件是一种用电子手段提供信息交换的通信方式，邮件内容可以是文字、图像、声音等多种形式，是互联网应用最广的服务。通过网络的电子邮件系统，用户可以用非常低廉的价格（不管发送到哪里，都只需负担网费）、非常快速的方式（几秒钟之内可以发送到世界上任何指定的目的地），与世界上任何一个角落的网络用户联系。

Microsoft Outlook 是 Office 套装软件的组件之一，它对 Windows 自带的 Outlook Express 的功能进行了扩充。Outlook 的功能很多，可以用它来收发电子邮件、管理联系人信息、记日记、安排日程、分配项目。使用 Outlook 可以提高工作效率，并保持与个人网络和企业网络之间的连接。

✓ 项目实施

3.4.1　电子邮箱的申请与使用

电子邮箱是通过网络电子邮局为网络客户提供的网络交流电子信息空间。电子邮箱具有存储和收发电子信息的功能，是因特网中最重要的信息交流工具。

1. 申请一个新浪免费电子邮箱

①启动 IE 浏览器，在地址栏中输入"http://www.sina.com.cn/"，进入新浪主页，如图 3 - 69 所示。

图 3 - 69　新浪主页

②单击网页右上方的"邮箱"，打开如图 3 - 70 所示的新浪邮箱网页，单击"注册"按钮。

③在打开的"欢迎注册新浪邮箱"网页中输入注册信息，单击"立即注册"按钮，如图 3 - 71 所示，即可成功申请邮箱。

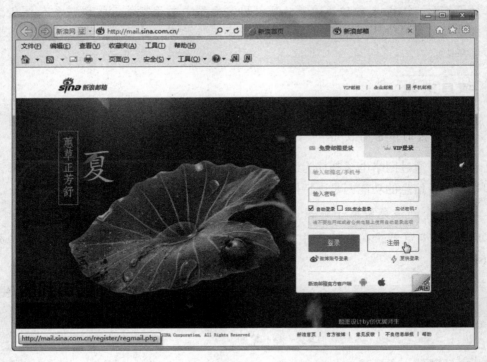

图 3 - 70　新浪邮箱登录/注册网页

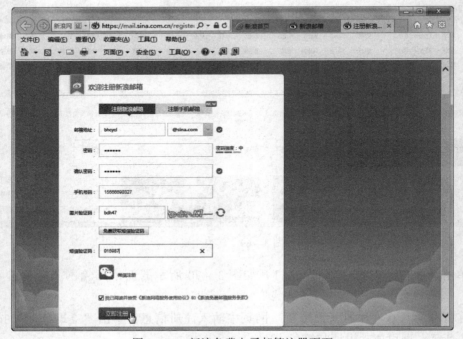

图 3 - 71　新浪免费电子邮箱注册页面

温馨提示

一个完整的 Internet 邮件地址格式为：用户标识符@域名。@符号的左边是注册时使用的用户标识符；右边是完整的域名，代表用户邮箱的邮件接收服务器。

2. 登录并使用邮箱发送信件

（1）登录邮箱

①启动 Edge 浏览器，在地址栏中输入"http://mail.sina.com.cn/"，进入新浪主页，如图 3–69 所示。

微课 3–3
电子邮箱的使用

②单击网页右上方的"邮箱"，打开如图 3–70 所示的新浪邮箱网页，输入邮箱的用户名和密码，单击"登录"按钮，即可打开如图 3–72 所示的电子邮箱页面。

图 3–72　新浪邮箱页面

（2）发送普通电子邮件

①在电子邮箱界面中，单击"写信"按钮，进入写信界面，如图 3–73 所示。发件人的邮箱地址是系统自动添加的。

②输入收件人的邮箱地址、邮件主题和正文内容，如图 3–74 所示。收件人的邮箱地址可以手动输入，也可以在联系人列表中查询后选取；邮件主题是用最简单的话概括一下邮件的内容，如果不写，邮件主题为"无"；正文内容尽量简洁明了。

③单击"发送"按钮，系统会提示邮件是否发送成功，如图 3–75 所示。如需继续写信，可单击"再写一封"按钮。

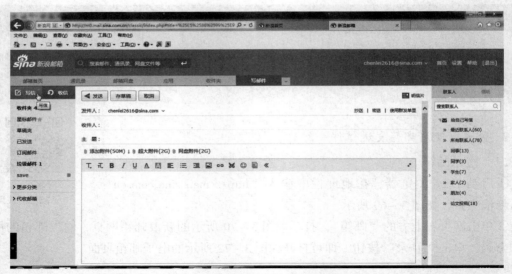

图 3 - 73　写信界面

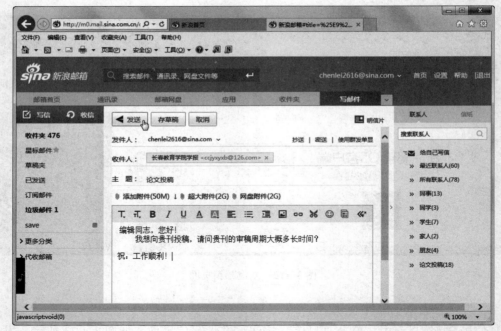

图 3 - 74　撰写电子邮件

（3）发送带有附件的电子邮件

①进入写信界面，填写收件人邮箱地址和主题，撰写信件内容，单击信件编辑框上方的"添加附件"按钮。

②弹出"选择要加载的文件"对话框，选择要添加的文件，单击"打开"按钮，附件上传至邮箱，如图 3 - 76 所示。之后单击"发送"按钮，将带附件的邮件发送出去，系统会提示是否发送成功。

图 3 – 75　发送成功

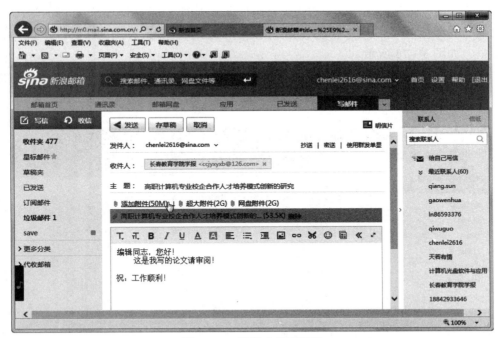

图 3 – 76　附件上传至邮箱

3. 接收邮件

①登录电子邮箱后，单击"收件夹"，显示已收到的邮件的相关信息，如图 3 – 77 所示。单击邮件主题，查看邮件内容。

图 3－77　查看收到的邮件

②如果是带有附件的邮件，用户需要将附件下载到个人计算机。例如，当前邮件中有一个名为"合作指南.docx"的 Word 文档附件，单击该附件文件，弹出询问要打开或保存附件的对话框，如图 3－78 所示。

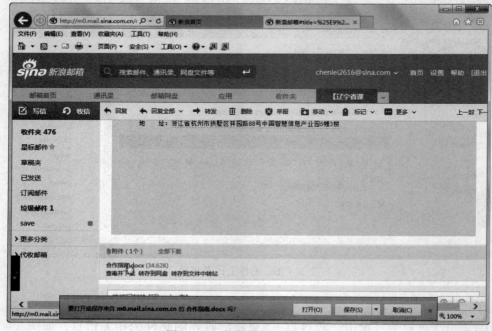

图 3－78　邮件附件下载对话框

③单击"保存"按钮，系统自动将文件保存到默认位置，单击"打开"按钮，即可打开文件，如图 3-79 所示。

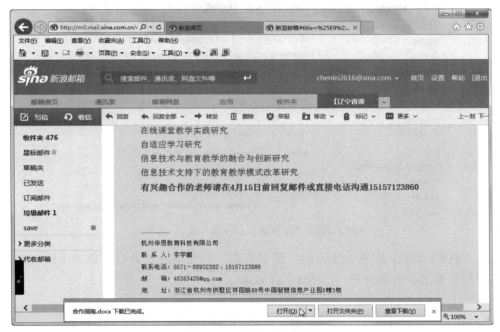

图 3-79　打开下载的附件

温馨提示

中国个人用户常见的、使用人数较多的邮箱主要有：163 邮箱，3 GB 空间，支持最大附件 20 MB，280 MB 网盘；新浪邮箱，容量 2 GB，最大附件 15 MB，支持 POP3；雅虎邮箱，容量 3.5 GB，最大附件 20 MB，支持 21 种文字；QQ 邮箱，容量很大，最大附件 50 MB，支持 POP3，提供安全模式，内置 WebQQ、阅读空间等。

3.4.2　Microsoft Outlook 2016 的使用

目前用于收发电子邮件的软件有很多，本节以 Microsoft Outlook 2016 连接新浪邮箱为例，介绍 Outlook 的设置与使用方法。

①在设置 Outlook 之前，要登录新浪邮箱开启 POP3/SMTP 服务。进入新浪邮箱，单击右侧的菜单"设置"→"更多设置"，在窗口左侧的导航栏中单击"客户端 pop/imap/smtp"选项，如图 3-80 所示。

温馨提示

邮件接收服务器一般是 POP3 类型，POP3 和 SMTP 地址可以到申请邮箱的网站查看。该地址可以是 IP 地址，也可以是域名。每个邮件账号可以设置一个密码。

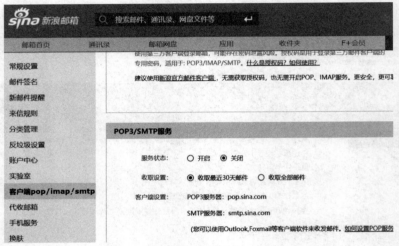

图 3 – 80　"客户端 pop/imap/smtp" 选项

②在 "POP3/SMTP 服务" 下方的 "服务状态" 后面单击 "开启" 单选按钮，弹出 "提示" 对话框，要求获取验证码，如图 3 – 81 所示。

图 3 – 81　获取验证码

③单击 "获取验证码" 按钮，手机收到验证码后输入验证码，单击 "确定" 按钮，"提示" 对话框生成并显示授权码，如图 3 – 82 所示。保存好授权码，以便后续操作使用。

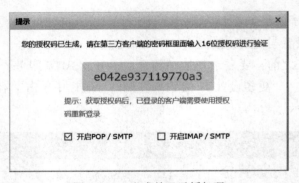

图 3 – 82　生成并显示授权码

④单击"开始"菜单，找到并单击"Outlook"选项，如图3－83所示。弹出"Outlook"对话框，如图3－84所示。

图3－83　打开"Outlook"

图3－84　"Outlook"对话框

⑤在文本框中输入电子邮件地址，单击"高级选项"下拉列表，单击"让我手动设置我的账户"，如图3－85所示。单击"连接"按钮，弹出"高级设置"对话框，如图3－86所示。

图3－85　输入电子邮件地址

图3－86　"高级设置"对话框

⑥单击"POP"选项，弹出"POP 账户设置"对话框，在"密码"文本框中输入新浪邮箱开启"POP3/SMTP 服务"而生成的授权码，如图 3－87 所示。

⑦单击"连接"按钮，弹出"已成功添加账户"对话框，如图 3－88 所示。

图 3－87　输入密码

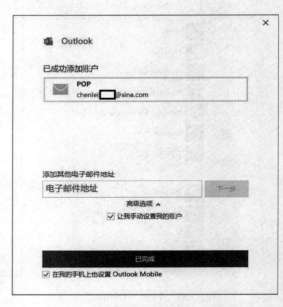

图 3－88　"已成功添加账户"对话框

⑧单击"已完成"按钮结束设置，弹出如图 3－89 所示的 Microsoft Outlook 窗口。

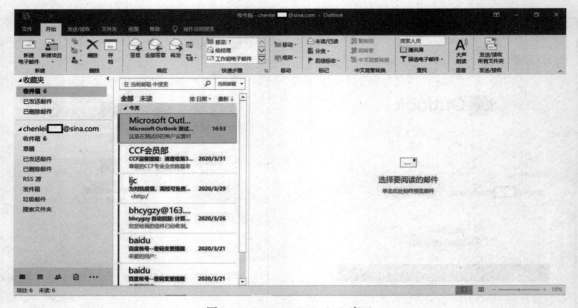

图 3－89　Microsoft Outlook 窗口

⑨在打开的 Microsoft Outlook 窗口中，单击"开始"选项卡"新建"功能组"新建电子邮件"按钮，如图 3 - 90 所示。

图 3 - 90　新建电子邮件

⑩弹出"邮件"窗口，在"收件人"文本框中输入收件人的邮件地址，在"主题"文本框中输入邮件的主题"test"，在正文编辑框中输入邮件的内容"现在测试 Microsoft Out-look！"，单击"发送"按钮，如图 3 - 91 所示。

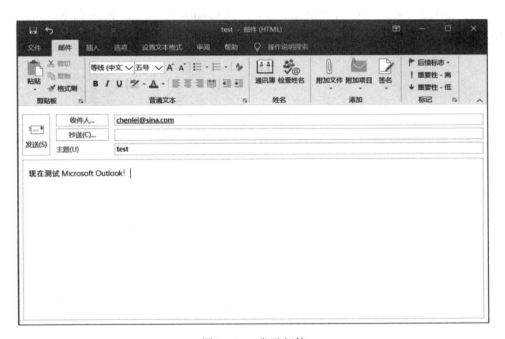

图 3 - 91　发送邮件

⑪在打开的新浪邮箱中，可以看到通过 Outlook 发送过来的测试邮件，如图 3 - 92 所示。

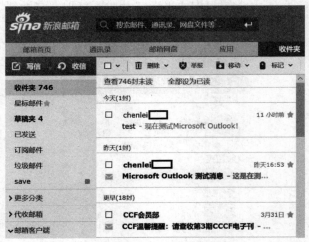

图 3 - 92　查看邮件

项目总结

　　本项目通过电子邮箱的申请与使用、Microsoft Outlook 的使用，使读者掌握使用电子邮箱通信的方法，并会使用 Microsoft Outlook 收发邮件来提高工作效率。

项目5

微信、Skype 的使用

基本信息	姓名		学号		班级		总评成绩	
	规定时间	30 min	完成时间		考核日期			
任务工单	序号		步骤		完成情况		标准分	评分
					完成	基本完成	未完成	
	1		微信、Skype 的下载及安装					20
	2		微信的使用					40
	3		Skype 的使用					30
操作规范性								5
安全								5

✓ 项目目标

本项目通过使用微信、Skype 软件，掌握即时通信软件的使用方法。在整个项目过程中，期望读者在操作技能方面能够掌握在线聊天、发送文件、进行语音和视频通话等操作。

✓ 项目分析

①打开微信发送信息。
②发送图片和文件。
③发起语音、视频通话。
④查找功能。

✓ 知识准备

微信（WeChat）是腾讯公司于2011年1月21日推出的一个为智能终端提供即时通信服务的免费应用程序。微信支持跨通信运营商、跨操作系统平台，通过网络快速发送免费（需消耗少量网络流量）语音短信、视频、图片和文字。微信提供公众平台、朋友圈、消息推送等功能，用户可以通过"摇一摇"、"搜索号码"、"附近的人"、扫二维码方式添加好友和关注公众平台，同时，微信支持将内容分享给好友及分享到微信朋友圈。

　　Skype 是一款即时通信软件，其具备 IM 所需的功能，比如视频聊天、多人语音会议、多人聊天、传送文件、文字聊天等。它支持与其他用户语音对话，也可以拨打国内国际电话，无论固定电话、手机、小灵通均可直接拨打，并且可以实现呼叫转移、短信发送等功能。2013 年 3 月，微软在全球范围内关闭了即时通信软件 MSN，Skype 取而代之。只需下载 Skype，就能使用已有的 Messenger 用户名登录，现有的 MSN 联系人也不会丢失。

✓ 项目实施

3.5.1　微信、Skype 的下载及安装

　　1. 安装微信

　　①打开下载微信的网页，单击窗口底部的"Windows"图标，如图 3 - 93 所示。

图 3 - 93　下载微信的网页

　　②在弹出的新页面中，单击"Download"按钮，在窗口底部弹出"你想怎么处理 We-Chat"对话框，单击"运行"按钮直接安装，如图 3 - 94 所示。

　　2. 安装 Skype

　　①打开下载 Skype 的网页，单击窗口底部的"下载 Skype"选项，如图 3 - 95 所示。

　　②在弹出的新页面中，单击"立即获取 Skype Windows 桌面版"按钮，在窗口底部弹出"你想怎么处理 SkypeSetupFull"对话框，单击"运行"按钮直接安装，如图 3 - 96 所示。

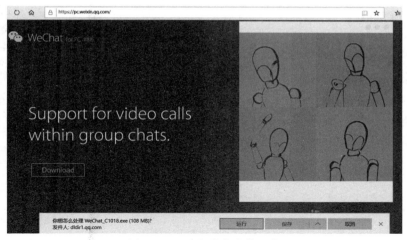

图 3-94　运行微信安装程序

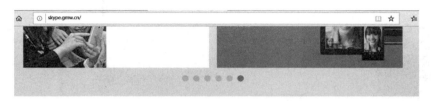

图 3-95　下载 Skype 的网页

图 3-96　运行 Skype 安装程序

3.5.2 微信的使用

1. 打开微信发送信息

①双击桌面上的微信图标，打开微信登录对话框，如图3-97所示。

②单击"登录"按钮，在与微信绑定的手机上弹出"Windows 微信登录确认"窗口，如图3-98所示。单击"登录"按钮，电脑弹出微信界面，如图3-99所示。

图3-97　打开微信

图3-98　Windows 微信登录确认

③在搜索栏中输入联系人的名字"小晶"，微信自动检索出含有此名字的条目，如图3-100所示。单击"小晶"，界面右侧出现小晶的聊天窗口，输入文字，单击"发送"按钮，如图3-101所示。

④单击"表情"按钮，在弹出的界面中选择"微笑"表情，如图3-102所示，在消息中插入表情，单击"发送"按钮。

2. 发送文件

①单击"发送文件"按钮🗀，在弹出的"打开"对话框中选择所需的图片，如图3-103所示，单击"打开"按钮，图片出现在消息编辑栏中，单击"发送"按钮即可。其他类型的文件也可以这样发送。

图 3 – 99　微信界面

图 3 – 100　选择通信对象

图 3 - 101　发送聊天消息

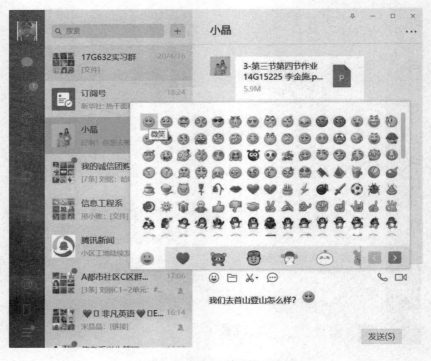

图 3 - 102　选择"微笑"表情

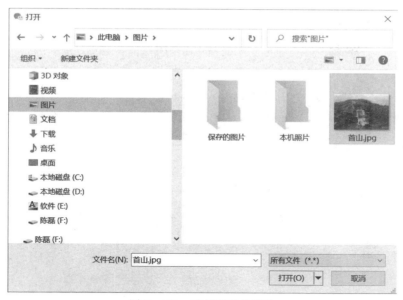

图 3 – 103　选择所需的图片

②微信收到的文件可以直接点开查看，也可以保存到电脑中，比如收到别人发来的 Word 文档，右击该文档，在弹出的快捷菜单中选择"另存为"，如图 3 – 104 所示。

图 3 – 104　选择"另存为"

③在弹出的"另存为"对话框中选择保存的位置，设置好文件名，单击"保存"按钮即可，如图 3 – 105 所示。

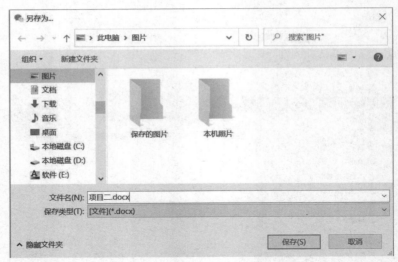

图 3 – 105　保存文件

3. 发起语音、视频通话

如果用户的电脑配备了麦克风、音响、摄像头，则可通过微信进行语音和视频通话。

①单击"语音聊天"按钮📞，进入等待对方接受邀请状态，如图 3 – 106 所示，一旦对方接受邀请，双方就可以进行语音通话了。

②如果发现对方邀请你语音通话，单击"拒绝"按钮，则拒绝接听；单击"接听"按钮，则接受语音通话，如图 3 – 107 所示。

图 3 – 106　发起语音通话　　　　图 3 – 107　"接听"语音通话

③单击"接听"按钮，进入语音通话状态，如图 3 – 108 所示。如果想结束通话，单击"挂断"按钮🔽即可。

④单击"视频聊天"按钮 ◻◁，进入等待对方接受邀请状态，如图3－109所示。

图3－108　语音通话状态

图3－109　发起视频聊天

⑤如果发现对方邀请你视频通话，单击"拒绝"按钮，则拒绝通话；单击"接听"按钮，则接受视频通话；如果不想进行视频，可单击"切换成语音聊天"按钮，如图3－110所示。

⑥视频聊天过程中，单击"静音"按钮，可以静音；单击"切到语音聊天"按钮，可以从视频转到语音聊天；单击"音量"按钮，可以调节音量；如果想结束通话，单击"挂断"按钮 ⌒ 即可，如图3－111所示。

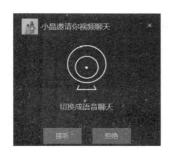

图3－110　等待视频通话

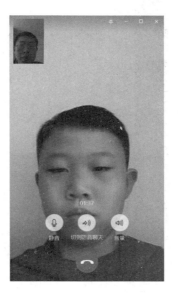

图3－111　视频聊天

4. 查找功能

①单击"通讯录"图标，可找人、找群、找公众号。比如当前"通讯录"图标右上角显示①，表示有人要加你为好友，如图3-112所示。

图3-112 "通讯录"界面

②单击"新的朋友"图标，如果对方是认识的人，单击"接受"按钮，显示"已添加"完成加好友操作，如图3-113所示。

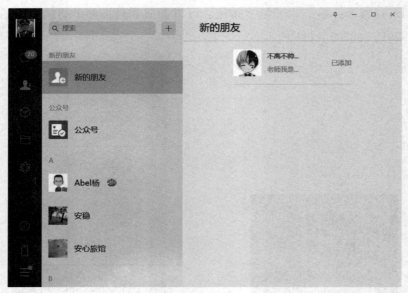

图3-113 添加好友

③单击"公众号"图标，右侧窗口显示已关注的公众号，可以选择想要进入的公众号，

如图 3-114 所示。

图 3-114　进入公众号

5. 微信文件

单击"微信文件"图标 📁，弹出"微信文件"窗口，如图 3-115 所示。可直接单击打开文件，也可以保存到本地电脑。

图 3-115　"微信文件"窗口

3.5.3 Skype 的使用

1. 打开 Skype

①打开 Skype 程序，弹出"欢迎使用 Skype"界面，如图 3－116 所示，单击"开始吧"按钮。

图 3－116　打开 Skype

②弹出"让我们开始吧"界面，如图 3－117 所示，单击"登录或创建"按钮。

图 3－117　登录或创建

③弹出"登录"界面，如果已有 Skype 账户，可输入账户信息，单击"下一步"按钮；如果没有，则单击"没有账户？创建一个"选项，如图 3 – 118 所示。

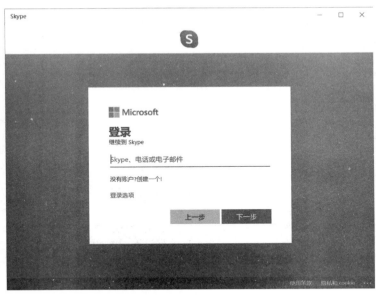

图 3 – 118 "登录"界面

④弹出"创建账户"界面，可用电话号码或电子邮件创建账户，如图 3 – 119 所示。

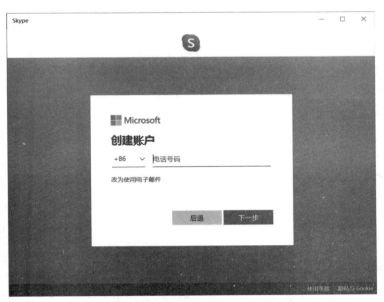

图 3 – 119 "创建账户"界面

⑤输入电话号码，单击"下一步"按钮，弹出"创建密码"界面，如图 3 – 120 所示。密码必须至少包含 8 个字符，其中至少包括以下两种字符：大写字母、小写字母、数字和符号。

图 3 – 120 "创建密码"界面

⑥输入密码，单击"下一步"按钮，弹出"你的名字是什么？"界面，要求输入姓名，如图 3 – 121 所示。

图 3 – 121 "输入名字"界面

⑦输入姓名后，单击"下一步"按钮，弹出"你的出生日期是什么？"界面，要求输入出生日期，如图 3 – 122 所示。

图 3 – 122　"输入出生日期"界面

⑧输入出生日期后，单击"下一步"按钮，弹出"验证电话号码"界面，如图 3 – 123 所示。

图 3 – 123　"验证电话号码"界面

⑨输入手机收到的验证码后，单击"下一步"按钮，弹出 Skype 设置界面，如图 3 – 124 所示。

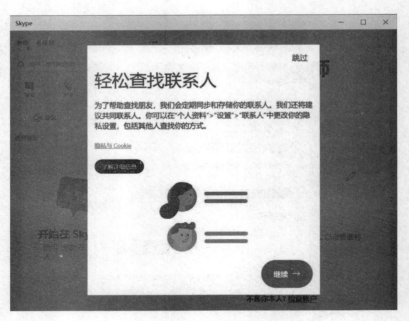

图 3 – 124　Skype 设置界面

⑩按照设置向导进行设置后，进入主界面，如图 3 – 125 所示。单击"拨号盘"按钮 ⊞，输入手机号码，单击"呼叫"按钮，如图 3 – 126 所示。

图 3 – 125　Skype 主界面

⑪呼叫后等待连接，如图 3 – 127 所示。接通后正常通话即可。若要结束通话，可单击"挂断"按钮，如图 3 – 128 所示。

图 3 – 126　"拨号盘"窗口

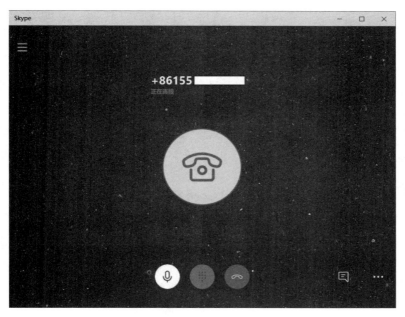

图 3 – 127　"正在连接"界面

图 3 – 128　通话中的界面

✓ **项目总结**

　　本项目通过介绍使用腾讯微信软件、Skype 软件进行在线聊天，发送文件，语音、视频通话，查找、添加好友，使读者掌握即时通信软件的使用方法，提高与他人通信、交流的效率。

项目 6

杀毒软件的安装与使用

微课 3－5
安全防护与杀毒软件的使用

基本信息	姓名		学号		班级		总评成绩	
	规定时间	30 min	完成时间		考核日期			
任务工单	序号	步骤		完成情况			标准分	评分
				完成	基本完成	未完成		
	1	360 安全卫士的下载安装及使用					20	
	2	360 安全卫士安装后的运行及维护					35	
	3	360 杀毒软件的安装与使用					35	
操作规范性							5	
安全							5	

✓ 项目目标

本项目即将完成 360 安全卫士与 360 杀毒软件的安装工作。在整个项目过程中，期望读者在操作技能方面能够掌握以下几点：

①学会安装 360 杀毒软件。

②学会使用杀毒软件查杀病毒。

✓ 项目分析

①360 安全卫士下载安装及使用。

②360 杀毒软件的安装与使用。

✓ 知识准备

计算机病毒是指编制者在计算机程序中插入的破坏计算机功能或者破坏数据，影响计算机使用并且能够自我复制的一组计算机指令或者程序代码。

◆ 项目实施

3.6.1　360 安全卫士下载安装及使用

①打开 Edge，在地址栏或搜索引擎中直接输入"360 安全卫士"，单击"360 安全卫士下载"，如图 3 – 129 所示。

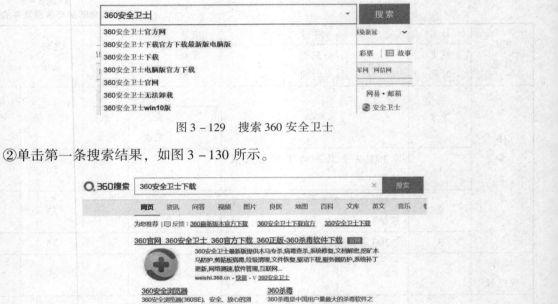

图 3 – 129　搜索 360 安全卫士

②单击第一条搜索结果，如图 3 – 130 所示。

图 3 – 130　单击第一条搜索结果

③进入下载页面，单击"立即下载"按钮，在页面底部弹出的对话框中，可单击"运行"按钮直接运行安装程序，也可以单击"保存"按钮将文件保存到指定位置再安装，如图 3 – 131 所示。

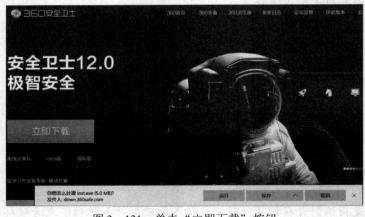

图 3 – 131　单击"立即下载"按钮

④单击"运行"按钮直接运行安装，弹出安装页面，如果对默认的安装路径不满意，可单击"浏览"按钮修改安装路径。本例采用默认的安装路径，单击"同意并安装"按钮进行安装，如图3-132所示。

图3-132　单击"同意并安装"按钮

⑤安装完成后，单击"打开卫士"按钮即可运行360安全卫士，如图3-133所示。

图3-133　单击"打开卫士"按钮

3.6.2　360安全卫士安装后的运行及维护

①打开360安全卫士，在"我的电脑"选项卡中，单击"立即体检"按钮，如图3-134所示。

②软件对电脑进行智能扫描，检测结束后显示体检分数并给出建议。本例中电脑体检分数为27，极不安全，建议立即修复。单击"一键修复"按钮，如图3-135所示。

图 3-134　360 安全卫士主界面

图 3-135　一键修复

③修复后显示新的体检分数和电脑状态信息，如图 3-136 所示。

④单击"木马查杀"选项卡，可查杀木马病毒，拦截可疑行为。单击"快速查杀"按钮，如图 3-137 所示。

⑤查出问题后，可单击"一键处理"按钮，如图 3-138 所示。

⑥单击"电脑清理"选项卡，可清理电脑垃圾，清除插件痕迹。单击"全面清理"按钮，如图 3-139 所示。

⑦扫描结束显示共发现的垃圾数量和已选中的垃圾数量，可以根据自己电脑的情况对下面列出的不同种类的垃圾进行勾选，单击"一键清理"按钮，如图 3-140 所示。

图 3 – 136　修复后的状态

图 3 – 137　木马查杀

图 3 - 138　一键处理

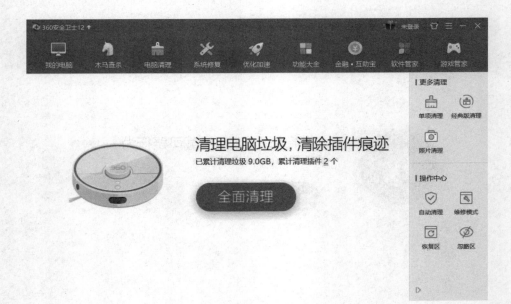

图 3 - 139　全面清理

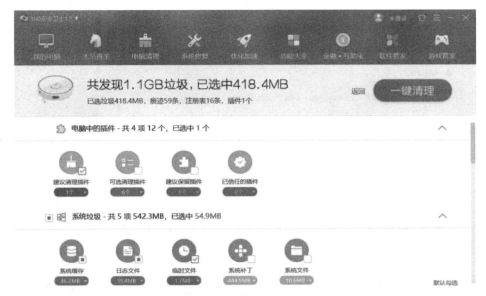

图3-140　一键清理

⑧单击"系统修复"选项卡，可以修补电脑漏洞，修复系统故障。单击"全面修复"按钮，如图3-141所示。

图3-141　全面修复

⑨扫描完成后，可根据需要修复可选项，单击"一键修复"按钮，如图3-142所示。

⑩单击"优化加速"选项卡，可以加快开机速度，优化网络配置和硬盘传输效率，提升电脑性能。单击"全面加速"按钮，如图3-143所示。

⑪扫描完成后，可以根据需要优化可选项，单击"立即优化"按钮，如图3-144所示。

图 3 – 142　一键修复

图 3 – 143　全面加速

⑫单击"软件管家"选项卡，可以查找各类软件、卸载本机上的软件，还可以使用游戏、商城、升级等多项功能，如图 3 – 145 所示。

3.6.3　360 杀毒软件的安装与使用

360 杀毒是 360 安全中心出品的一款免费的云安全杀毒软件。360 杀毒创新性地整合了五大领先查杀引擎，包括国际知名的 BitDefender 病毒查杀引擎、小红伞病毒查杀引擎、360 云查杀引擎、360 主动防御引擎及 360 第二代 QVM 人工智能引擎，是一款优秀的国产杀毒软件。

图 3 – 144　立即优化

图 3 – 145　360 软件管家

①进入 360 杀毒官方网站"https://sd.360.cn/",单击"正式版"按钮,在页面底部弹出的对话框中,可单击"运行"按钮直接运行安装程序,也可以单击"保存"按钮将文件保存到指定位置再安装,如图 3 – 146 所示。

图 3 – 146　360 杀毒官方网站

②单击"运行"按钮直接运行安装程序，弹出安装页面，如果对默认的安装路径不满意，可以单击"更改目录"按钮修改安装路径。本例采用默认的安装路径，单击"阅读并同意"选择框，单击"立即安装"按钮，如图 3 – 147 所示。

图 3 – 147　360 杀毒的安装

③360 杀毒安装完成，如图 3 – 148 所示。如果要对全盘空间进行扫描，单击"全盘扫描"按钮，进入全盘扫描状态，如图 3 – 149 所示。

④扫描完成后，显示扫描发现的待处理项，根据自己的情况可选择"暂不处理"或"立即处理"。本例单击"立即处理"按钮，如图 3 – 150 所示。

⑤"快速扫描"可以对系统设置、常用软件、内存活跃程序、开机启动项和系统关键位置进行专项扫描，单击"快速扫描"按钮，进入快速扫描模式，如图 3 – 151 所示。

图3-148　360杀毒安装完成

图3-149　全盘扫描

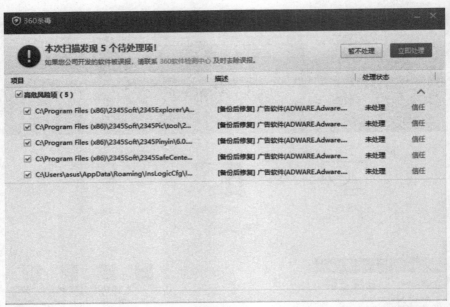

图 3 - 150　立即处理

图 3 - 151　快速扫描

⑥ "自定义扫描"可以扫描指定的目录和文件，单击"自定义扫描"按钮，弹出"选择扫描目录"对话框，单击"软件（E:）"复选框，单击"扫描"按钮，如图 3 - 152 所示。

⑦单击"功能大全"按钮，进入其页面，主要包括系统安全、系统优化、系统急救三方面功能汇集，使用者可根据自己的需要选取相应的功能。

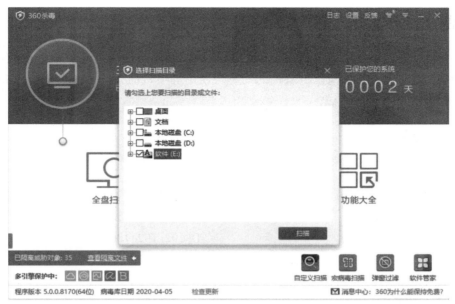

图 3 – 152　自定义扫描

温馨提示

　　如果希望360杀毒在扫描完电脑后自动关闭计算机，则选中"扫描完成后关闭计算机"选项。请注意，只有在将发现病毒的处理方式设置为"自动清除"时，此选项才有效。如果选择了其他病毒处理方式，扫描完成后不会自动关闭计算机。

项目总结

　　本项目通过360安全卫士与360杀毒软件的安装与使用，使读者了解计算机安全的重要性，掌握电脑安全软件的使用方法，从而使电脑远离危险。

小结

本部分通过局域网的组建与应用、Edge 浏览器的设置与使用、电子邮件的使用、微信和 Skype 的使用、安全防护与杀毒软件的安装与使用等项目的完成，使学生掌握 Internet 与网络基础的知识。

练习与思考

一、网络概念

1. IP 地址由四组数字组成，下列有错误的是（　　）。

A. 202. 39. 246. 80 　　　　　　　　B. 140. 116. 23. 77

C. 303. 64. 52. 10 　　　　　　　　D. 192. 192. 180. 180

2. 下列连接方式中，属于总线拓扑的是（　　）。

A. 网络上的所有工作站都彼此独立

B. 网络上的所有工作站都是一个接一个连接

C. 网络上的所有工作站都与一个中央控制器连接

D. 网络上的所有工作站都直接与一个共同的通道连接

3. 接入 Internet 的每一台主机都有唯一的可识别地址，称作（　　）。

A. URL 　　　　　　　　　　　B. 邮件地址

C. IP 地址 　　　　　　　　　　D. 域名

4. HTTP 与 HTTPS 通信协议的差异为（　　）。

A. HTTPS 加强安全性 　　　　　　B. HTTPS 加强执行速度

C. HTTPS 加强数据传输量 　　　　　D. HTTPS 可允许更多人同时上网使用

5. 在通信传输的媒介之中，下列属于无线媒介的是（　　）。

A. 光纤 　　　　　　　　　　　B. 人造卫星

C. 同轴电缆 　　　　　　　　　D. 电话线

6. 在互联网上，专门提供 IP 与域名转换的服务器是（　　）。

A. WWW 　　　　B. FILE 　　　　C. FTP 　　　　D. DNS

7. 在网络上信息传输速率的单位是（　　）。

A. 帧/s 　　　　B. 文件/s 　　　　C. 位/s 　　　　D. m/s

8. 下列网络的拓扑形态中，当有一个计算机故障时，网络的数据通信最不会受到影响的是（　　）。

A. 星形 　　　　　　　　　　　B. 环形

C. 网状 　　　　　　　　　　　D. 总线型

9. 上网操作时，通常输入的 URL 信息转换成 IP 地址所依靠的服务器是（　　）。

A. FTP 　　　B. DHCP 　　　C. DNS 　　　D. NFS

E. SAMBA

10. 常用的数据传输速率单位有 Kb/s、Mb/s、Gb/s，1 Gb/s 等于（   ）。

A. 1×10^3 Mb/s

B. 1×10^3 Kb/s

C. 1×10^6 Mb/s

D. 1×10^9 Kb/s

11. 下列网络器件中，可以实现包过滤防火墙的是（   ）。

A. 网络适配器

B. 调制解调器

C. 路由器

D. 交换机

E. 集线器

12. 下列叙述中，正确的是（   ）。（选择两项）

A. Yahoo! 奇摩的拍卖网站的通信模式属于点对点式架构

B. FTP 下载网站属于主从式网络

C. ezPeer 等下载分享软件形成的架构是点对点式架构

D. eMule 属于主从式架构

13. 下列关于交换器的叙述中，正确的是（   ）。（选择两项）

A. 交换器比集线器更能有效利用带宽

B. 交换器不容许不同速度网络共存

C. 交换器拥有网络流量监控功能

D. 交换器比集线器更便宜

14. 下列名称代表局域网应用领域的是（   ）。（选择两项）

A. 教育网

B. 校园网

C. 办公室内部办公网络

D. 微信

E. QQ

15. IP 地址是主机在因特网上唯一的位置标识。下列选项中，合法的 IP 地址是（   ）。（选择三项）

A. 10. 11. 23. 114

B. 190. 112. 134. 1

C. 192. 168. 1. 0

D. 210. 22. 45. 5

E. 10. 80. 12. 256

二、浏览与搜索

1. 在搜索引擎中，搜索"引力波 黑洞"和搜索"黑洞 引力波"所产生的结果相同。（   ）

A. 正确

B. 错误

2. 在 IE 浏览器中，要打开浏览器主页，应当单击的按钮是（   ）。

A. 🏠

B. ⭐

C. ⚙

D. ⤢

3. 关于域名缩写，正确的是（   ）。

A. cn 代表中国，edu 代表科研机构

B. com 代表商业机构，gov 代表政府机构

C. uk 代表中国，edu 代表科研机构

D. ac 代表英国，gov 代表政府机构

4. 要在谷歌搜索引擎中搜索包含完整关键字"信息素养大赛"的网页，关键字的输入方式是（   ）。

A. "信息素养大赛"

B. 信息素养大赛

C. 信息素养 OR 大赛　　　　　　　　　　D. – 信息素养大赛

5. 在 IE 浏览器中，对收藏夹中的网址不能进行的操作是（　　　）。

A. 删除　　　　　　B. 移动　　　　　　C. 自动排序　　　　　　D. 重命名

6. 在 IE 浏览器中，全屏查看网页的快捷键是（　　　）。

A. F1　　　　　　B. F5　　　　　　C. F9　　　　　　D. F11

7. 关于 Web 2.0 的叙述，错误的是（　　　）。

A. 是一种新的浏览器版本

B. 维基百科是符合 Web 2.0 的有名服务之一

C. 以 WWW 作为平台

D. 具有资源共享及免费服务的特色

8. 以下属于网络常见的服务项目是（　　　）。

A. RSS　　　　　　B. RFID　　　　　　C. POS　　　　　　D. RTC

9. 在谷歌中搜索与网址 "www.51ds.org" 相似的网页，键入的正确关键词是（　　　）。

A. www.51ds.org　　　　　　　　　　B. Site：www.51ds.org

C. related：www.51ds.org　　　　　　D. link：www.51ds.org

10. 若想要变更 Internet Explorer 中的预设首页，应该修改（　　　）。

A. 收藏夹　　　　　　　　　　B. Internet 选项

C. 自定义及控制　　　　　　　D. 视图

11. 在 IE 浏览器中，如果想搜索北京电视台之外的所有电视台信息，正确的输入方式为（　　　）。

A. 电视台 + 北京　　　　　　　B. 北京电视台

C. 电视台 or 北京　　　　　　　D. 电视台 and 北京

E. 电视台 – 北京电视台

12. 图 3 – 153 是维基百科的词条编辑页面，其中最新的修改是（　　　）。

- (当前 | 先前) ◎　2010年12月8日 (三) 04:17 Stevenliuyi (讨论 | 贡献) ■ (37,497字节) *(取消 120.193.108.26 (对话)的编辑；更改回Symplectopedia的最后一个版本)* (撤销)
- (当前 | 先前) ◎　2010年12月8日 (三) 04:09 120.193.108.26 (讨论) (38,082字节) *(→其他论扰)* (撤销)
- (当前 | 先前) ◎　2010年12月8日 (三) 04:07 120.193.108.26 (讨论) (37,790字节) *(→赛车生涯)* (撤销)
- (当前 | 先前) ◎　2010年12月2日 (四) 16:55 Symplectopedia (讨论 | 贡献) (37,497字节) (撤销)
- (当前 | 先前) ◎　2010年11月29日 (一) 10:39 韦一笑 (讨论 | 贡献) (37,499字节) *(→身世之争)* (撤销)
- (当前 | 先前) ◎　2010年11月24日 (三) 13:41 Marcushsu (讨论 | 贡献) (38,227字节) (撤销)

图 3 – 153　维基百科的词条编辑页面

A. 修改了排版错误　　　　　　　B. 扩充了内容

C. 退回到以前的版本　　　　　　D. 修正了笔误

13. 在如图 3-154 所示的搜索结果中，排在最上面的链接是（ ）。

图 3-154 搜索结果

A. 付费广告　　　　　　　　　　　B. 最有价值的搜索条目

C. 被访问最多的搜索条目　　　　　D. 随机出现的条目

14. 在 IE 浏览器中，要打开收藏夹，应当单击的按钮是（ ）。

A. 🏠　　　　　B. ⭐　　　　　C. ⚙　　　　　D. 🔄

15. 在 IE 浏览器中，启用窗口阻止功能后，要允许指定网站（例如，buu.edu.cn）的窗口可以弹出，请对以下操作步骤进行排序：（ ）。

A. 切换到"隐私"标签

B. 打开"Internet 选项"对话框

C. 将网址"buu.edu.cn"添加到允许的站点列表中

D. 关闭所开启的对话框

E. 单击"设置"按钮，开启"弹出窗口阻止程序设置"对话框

16. 请以正确的顺序排列以下的操作，完成在使用 Internet Explorer 浏览器上网的时候禁用第三方 Cookie。（ ）

A. 切换到"隐私"标签

B. 选择"工具"菜单中的"Internet 选项"命令

C. 选择"高级"命令

D. 单击"确定"按钮完成操作

E. 在"第三方 Cookie"类别中选中"阻止"

三、数字生活

1. 万维网是因特网的一个应用，它只是建立在因特网上的一种网络服务。（ ）

A. 正确　　　　　　　　　　　　　B. 错误

2. 顾客在网上购物的时候，把选购的商品存放在"购物车"中，购物车能够正常工作是因为 HTTP 协议可以记录浏览器之前的交互活动。（　　）

　　A. 正确　　　　　　　　　　　　　B. 错误

3. Cookie 的作用是记录用户对计算机操作的次数。（　　）

　　A. 正确　　　　　　　　　　　　　B. 错误

4. QQ 和 Skype 均提供在线文件传输与在线语音通话的功能。（　　）

　　A. 正确　　　　　　　　　　　　　B. 错误

5. 支付宝钱包是国内领先的移动支付平台，内置信用卡还款、转账、充话费、缴水电煤等贴心服务。（　　）

　　A. 正确　　　　　　　　　　　　　B. 错误

6. 在 Outlook 2016 中，可以创建搜索文件夹，显示某人发来的所有邮件。（　　）

　　A. 正确　　　　　　　　　　　　　B. 错误

7. 在 Outlook 2016 中，对答复邮件和转发邮件可以设置不同的默认签名。（　　）

　　A. 正确　　　　　　　　　　　　　B. 错误

8. 在 Outlook 2016 中，不能同时管理多个电子邮件账户。（　　）

　　A. 正确　　　　　　　　　　　　　B. 错误

9. 在发送电子邮件时，如果希望某位收件人的电子邮件地址不被其他收件人看到，则应将其填写在（　　）。

　　A. 收件人栏　　　B. 抄送栏　　　C. 密送栏　　　D. 主题栏

10. 下列网站属于"微博（Micro blog）"的是（　　）。

　　A. Microsoft　　　B. QQ　　　C. 新浪微博　　　D. 网易

11. 在 IE 浏览器中，要阅读电子邮件，应当单击的按钮是（　　）。

　　A. 　　　B. 　　　C. 　　　D.

12. 电子凭证是（　　）。

　　A. 网络购物的身份证明　　　　　　B. 软件的序号

　　C. 应用软件的开发商　　　　　　　D. 操作系统中用户的账号和密码

13. 在 Outlook 2016 中，下列说法错误的是（　　）。

　　A. 阅读窗格可以显示在视图的底端　　　B. 阅读窗格可以显示在视图的右侧

　　C. 阅读窗格可以被隐藏　　　　　　　　D. 阅读窗格可以显示在视图的左侧

14. 关于 Outlook 中的联系人组，以下说法不正确的是（　　）。

　　A. 可以向联系人组添加成员

　　B. 可以从联系人组中删除成员

　　C. 可以同时向联系人组中的所有成员发送相同的邮件内容

　　D. 可以同时向联系人组中的所有成员发送不同的邮件内容

15. Outlook 中的日历最多可以显示的时区数量是（　　）。

　　A. 1　　　　　B. 2　　　　　C. 3　　　　　D. 4

16. 关于互联网服务的叙述，不恰当的是（　　　）。

A. 可在 BBS 上发表自己对时事的看法

B. Skype 能与好朋友实时语音通信

C. 通过 VoIP 可以在网络上看电影和听音乐

D. 可以在 Google Maps 中看到住家附近的景色

17. 下列各邮件信息中，属于邮件服务系统在发送邮件时自动添加的是（　　　）。

A. 邮件正文内容　　　　　　　　　　B. 收件人的 E‐mail 地址

C. 邮件发送日期和时间　　　　　　　D. 附件

18. 企业间的电子资金移转作业属于电子商务的（　　　）模式。

A. C2C（Customer‐to‐Customer）　　　B. C2B（Customer‐to‐Business）

C. B2C（Business‐to‐Customer）　　　D. B2B（Business‐to‐Business）

19. Outlook 用户要提醒自己每个月的 28 日在空闲的时候去银行还信用卡贷款，那么他应当在日历中创建的项目是（　　　）。

A. 约会　　　　　　B. 全天事件　　　　　C. 会议要求　　　　D. 定期事件

E. 定期会议

20. 在互联网的应用上，SMTP 服务器指的是（　　　）。

A. 寄信服务器　　　B. 网站服务器　　　C. 文件服务器　　　D. 收信服务器

21. 下列不属于网络电话拨打软件的是（　　　）。

A. QQ　　　　　　B. Skype　　　　　　C. Outlook　　　　D. Google Talk

四、移动通信

1. 在 Windows Phone 中，如 Word 或 Excel 等 Office 文件，预设的云端储存空间是（　　　）。

A. 微盘　　　　　　B. 百度云　　　　　C. 华为网盘　　　　D. OneDrive

2. 下列对于智能型手机中有关"天气"App 的叙述，错误的是（　　　）。

A. 开启手机定位功能，方可得知目前当地的天气

B. 需使用 3G 或 Wi‐Fi 联机网络

C. 必须配合中国移动、中国电信这样的网络服务供货商

D. 在能上网的情况下，可查询任何城市一周内的天气

3. 在 iOS 手机中，照片所储存的格式是（　　　）。

A. TIFF　　　　　　B. RAW　　　　　　C. JPEG　　　　　D. BMP

4. 在 iOS 系统的 iPhone 手机中，默认的邮件软件是（　　　）。

A. Google Gmail　　　　　　　　　　B. Yahoo Mail

C. Apple iCloud Mail　　　　　　　　D. Mozilla Thunderbird

5. 下列选项中，利用 iOS 手机拍摄影片的单元格式的是（　　　）。

A. MPEG　　　　　　B. AVI　　　　　　C. MKV　　　　　D. MOV

6. 下列操作中，可让用户在 iOS 手机中删除已安装的 App 的是（　　　）。

A. 利用 App 的"设置"功能中的"应用程序"或"应用程序管理员"中的"卸载"

B. 拖拉 App 至回收站

C. 按住 App 不放，就会出现一个"×"，再单击左上角的"×"

D. 执行 App，再由菜单中选取"卸载"

7. 可以通过移动电话基站连接网络的方式是（　　　）。

A. 有线电视网络　　　　　　　　　　B. ADSL 网络

C. 无线通信网络　　　　　　　　　　D. 光纤网络

8. 下列操作中，可让用户在 Android 手机中删除已安装的 App 的是（　　　）。

A. 利用 App 的"设置"功能中的"应用程序"或"应用程序管理员"中的"卸载"

B. 拖拉 App 至回收站

C. 按住应用程序列表中的 App 不放，再由菜单中选取"卸载"

D. 执行 App，再由菜单中选取"卸载"

9. 下列网页浏览器中，预设使用在 iPhone、iPod touch 与 Mac PC 上的是（　　　）。

A. Safari　　　　　B. Opera　　　　　C. Firefox　　　　　D. Internet Explorer

10. 下列属于 Android 智能型移动装置上的安装文件类型的是（　　　）。

A. exe　　　　　B. apk　　　　　C. msi　　　　　D. jsp

11. 下列不属于智能型手机上网方式的是（　　　）。

A. RFID　　　　　B. Wi－Fi　　　　　C. WiMAX　　　　　D. LTE

12. 下列不属于网络电话拨打的软件是（　　　）。

A. QQ　　　　　B. Skype　　　　　C. Outlook　　　　　D. Google Talk

13. 下列属于电信业者称为 4G 的规格的是（　　　）。（选择两项）

A. WiMAX　　　　　B. LTE　　　　　C. WAP　　　　　D. PHS

14. 关于手机的飞行模式，说法错误的是（　　　）。（选择两项）

A. 在飞行模式下，无法拨打电话

B. 在飞行模式下，无法开启蓝牙功能

C. 在飞行模式下，无法收发短信

D. 在飞行模式下，无法使用 Wi－Fi 网络

E. 在飞行模式下，无法使用 3G 网络

15. 移动智能终端包括（　　　）。（选择四项）

A. 智能手机　　　　　B. 智能手表　　　　　C. 智能手环　　　　　D. 蓝牙音箱

E. 平板电脑

16. 将无线通信与国际互联网等多媒体通信结合，并能够方便、快捷地处理图像、音乐、视频流等多种媒体形式，提供包括网页浏览、电话会议、电子商务等多种信息服务的移动通信系统是指（　　　）。（选择两项）

A. 1G　　　　　B. 2G　　　　　C. 2.5G　　　　　D. 3G

E. 4G

习 题 答 案

第一部分

一、计算机硬件

题号	1	2	3	4	5	6	7	8	9	10	11
答案	A	B	A	B	B	C	C	A	A	B	C

题号	12	13	14	15	16	17	18	19	20	21
答案	BDE	DE	BD	BE	AD	BC	DE	AB	ABDE	BD

题号	22	23	24	25	26
答案	BACD	ADCB	CABD	ADBC	FDEBCA

题号	27	28	29	30	31
答案	ABEDC	ACBED	BCADE	DBAC	BADC

二、计算机软件

题号	1	2	3	4	5	6	7	8
答案	A	B	C	D	C	C	C	C

9	系统软件——用于在计算机上管理计算机资源 操作系统——提供操作接口、安装执行程序的环境、文件磁盘与系统安全管理 公用程序——维护计算机效能，如备份与还原、防病毒软件或程序设计工具 应用软件——用来执行某些项目、处理数据和生成有用结果的程序，如选课系统
10	网页设计——Dreamweaver　　　　　　个人信息管理软件——MS Outlook 项目管理——MS Project　　　　　　　浏览器——Google Chrome
11	免费软件——不需要支付授权费用，即可使用于私人非商业用途 软件授权——软件开发商与购买者之间的法律合约 固件——内含软件的硬件 软件即服务——通过 Internet 提供软件，在远程数据中心安装、执行与维护，再以浏览器存取和使用应用软件，并可进行在线协同作业

| 12 | OneNote——数字笔记本
Winamp——播放音乐 | Open WorkBench——项目管理
Sony vegas——媒体编辑 |

三、操作系统基础

题号	1	2	3	4	5	6	7	8	9	10
答案	A	B	B	A	A	B	C	D	D	C
题号	11	12	13	14	15					
答案	A	C	A	B	D					

第二部分

题号	1	2	3	4	5	6	7	8	9	10
答案	A	B	A	B	B	C	C	D	D	B
题号	11	12	13	14	15	16	17	18	19	20
答案	A	A	A	B	A	B	BD	ABD	BE	BC
题号	21	22								
答案	AB	AD								

23. 更改账号图片— 用户账户和家庭安全 添加或删除用户账户 为所有用户设置家长控制　　调整屏幕分辨率— 外观和个性化 更改主题 更改桌面背景

连接到投影仪— 硬件和声音 查看设备和打印机 添加设备　　更改高级共享设置— 网络和 Internet 查看网络状态和任务 选择家庭组和共享选项

24. 帮助和支持主页—🏠 打印—🖨 浏览帮助—📕 了解有关其他支持选项的信息—

25. 系统长时间不响应应用用户的要求，要结束该任务—Ctrl + Alt + Delete
打开"开始"菜单—Ctrl + Esc
关闭正在运行的程序窗口—Alt + F4
实现各种输入方式的切换—Ctrl + Shift

第三部分

一、网络概念

题号	1	2	3	4	5	6	7	8
答案	C	D	C	A	B	D	C	C
题号	9	10	11	12	13	14	15	
答案	C	A	C	BC	AC	BC	ABD	

二、浏览与搜索

题号	1	2	3	4	5	6	7
答案	B	A	B	A	C	D	A
题号	8	9	10	11	12	13	14
答案	A	C	B	E	C	A	B
题号	15				16		
答案	BAECD				BACED		

三、数字生活

题号	1	2	3	4	5	6	7	8	9
答案	A	B	B	A	A	A	B	B	C
题号	10	11	12	13	14	15	16	17	18
答案	C	D	A	D	D	B	C	D	D
题号	19	20	21						
答案	D	A	C						

四、移动通信

题号	1	2	3	4	5	6	7	8
答案	D	A	C	C	D	C	C	A
题号	9	10	11	12	13	14	15	16
答案	A	B	A	C	AB	BD	ABCE	DE

参 考 文 献

［1］福建省职业技能指导中心组. 办公软件应用（Windows 7/10，Office 2010/2013）试题汇编（中级操作员级）［M］. 北京：北京希望电子出版社，2019.

［2］石利平. 计算机应用基础教程（Windows 10 + Office 2019）（高等职业教育通识类课程教材）［M］. 北京：水利水电出版社，2020.

［3］高万平，王德俊. 计算机应用基础教程（Windows 10，Office 2016）［M］. 北京：清华大学出版社，2019.

［4］李志鹏. 精讲 Windows 10［M］. 第2版. 北京：人民邮电出版社，2017.

［5］郭长庚，刘树聃. 计算机应用基础（Windows 10 + Office 2016）［M］. 北京：清华大学出版社，2019.

［6］李杰臣. 新手学电脑从入门到精通 Windows 10 + Word/Excel/PPT 2016［M］. 北京：北京机械工业出版社，2018.

［7］刘文凤. Windows 10 中文版从入门到精通［M］. 北京：北京日报出版社，2018.